百蔬园·蔬香生活
——认识别样的蔬菜世界

苏秋芳◎ 主编

中国农业出版社
北京

编 委 会

　　我们柴米油盐的日常，蔬菜是不可或缺的。谈到蔬菜，您想到了什么？新鲜美味的四季？居家生活的乐趣？ 除此之外，您有没有想过，蔬菜还可以是美丽的"花"，可以是乘凉的"大树"，甚至是飞檐走壁的"空中飞侠"……

　　在"中国北京世界园艺博览会"这个迄今我国举办的规模最大、级别最高（A1）的园艺盛会上，就有这样一个奇趣地：上百种蔬菜被独具匠心的创建者量身定制了科技与艺术的服装，为海内外游客带来了奇特的景观和新奇的体验；人们徜徉在蔬菜的海洋中，学习蔬菜文化，了解蔬菜历史，感悟蔬菜艺术，流连忘返。它就是百蔬园，世界园艺博览会展览史上首次把蔬菜作为独立景观素材的展园。

　　这道由纯蔬菜打造的风景，在百花争奇斗艳的喧嚣中独树一帜，场景化地向人们讲述着历史长河与生态空间中蔬菜与人的故事，传递着科技的力量，展示蔬菜独特的艺术魅力。向世界展现了中国蔬菜园艺的极高水平和现代农业的发展脉络，展现出北京农业绿色发展和生态文明建设成就、都市型现代农业与乡村振兴的远景规划。呈现出一幅宁静美好的绿色田园画面。

　　如今，162天的展期已经过去了，如果您还在为没能近距离参观而感到遗憾，那么，当您打开《百蔬园·蔬香生活——认识别样的蔬菜世界》，就会发现，在书香中，一个"永不落幕的百蔬园"将时刻陪伴您左右。

　　穿行在蔬菜的海洋，本身也是穿行在历史与文化的长廊，人类的生存史、发展史、奋斗史便蕴含其中。本书将与您一起开启一场蔬菜的历史穿越之旅，从一个更高维度与更广阔的观察层级，审视我们身边比比皆是的"平凡蔬菜"，从变迁中察觉农业科技进步的不凡，从演化中感觉产业跃迁的伟大，从历程中感受农业发展的厚重与沧桑。

多彩多姿的蔬菜，是人类技术进步的结晶，更是与生活最近、人们最离不开的生灵。如果说现实中的百蔬园展览如同一部大型的"蔬菜历史剧"，那本书则力图呈现一部小而美的"蔬菜趣味课堂"，以平易与活泼的姿态讲好蔬菜故事，让更多的人关注到为"菜篮子"持续钻研、默默奉献的万千农业人；"百蔬园"是美丽乡村的写照，也是都市人田园生活的模版，连接城市与乡村，本书或许能成为打开隔阂与陌生的一把小小钥匙。

在乡村振兴战略全面实施的时代，如何连接城市与乡村，连接人与自然，构建人与自然的和谐空间？在对现代农业、未来农业的思考与探索中，蔬菜给了我们别样的启示。蔬菜，过去仅仅作为食物，如今，它与生活美学、农业科技、城市生态发生着美好的"化学反应"，带给我们多彩的生活图景与多姿的未来画卷，阳台菜园、蔬菜工厂、可食地景，百蔬百态，蔬香生活，细微处、平常处揭示着历史与未来。

愿本书能给您带来一种不同的观察蔬菜的视角，或许，也是一个思考更多元生活方式的契机。

苏秋芳

2020年2月

目 录 | CONTENTS

第一章
相遇百蔬园

chapter 1

　　"万花锦绣同民乐，不比青山独乐园。办得春风共花醉，尽教蝶闹与蜂喧。"中国北京世界园艺博览会（以下简称世园会），一场荟萃了世界范儿、中国风的园艺盛宴，于4月29日—10月7日在延庆召开，是迄今为止在我国举办的规模最大、级别最高（A1）的园艺盛会。这是一个包罗万象、美丽无比的大花园，为人们带来了一方平日难得一见的盛世美景。百花齐放，蝴蝶飞舞，每一处风景都让游客目不暇接。当游客们看尽百花争奇斗艳，稍感疲倦之时，又有一处清凉优美的展区，令人耳目一新，它就是百蔬园。

　　百蔬园作为北京世园会三大特色展园之一，是世园会展览史上首次将蔬菜作为独立景观素材的展园。在时间和空间的交织中，在动静相融之间，全方位地展示了蔬菜与园林、文化、艺术、产业的完美结合，给人多维度、互动性、艺术化的体验。漫步园中，一步一景都能感受到创建者的匠心独具。让我们一起去看一看蔬菜园艺的盛会……

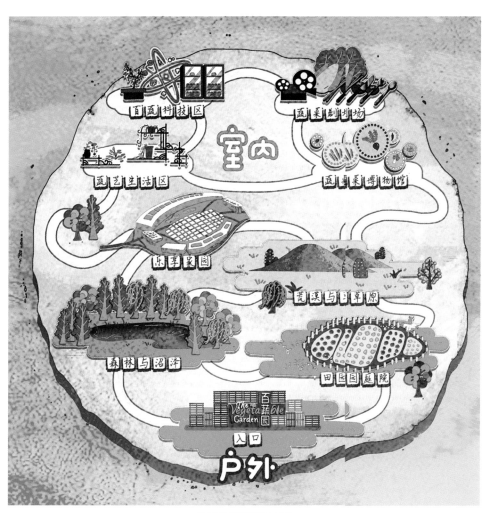

百蔬园框架手绘图

蓬门今始为君开

　　踏进"百蔬园",就来到了一个五彩斑斓的蔬菜世界,霓裳飘飘的各色羽衣甘蓝铺成一条条锦绣丝带,成片的紫菜薹擎着簇簇黄色的花儿在风中摇曳,彩色的花椰菜、红色的樱桃番茄、金色的南瓜、红杆的芹菜、会变色的茄子、精巧多姿的观赏南瓜、形态各异的观赏葫芦,各种蔬菜令人目不暇接,平时常见的,难得一见的,在这里汇聚一堂。

五彩斑斓的蔬菜世界

"菜子已抽蝴蝶翅，菊花犹著郁金裳。从教芦菔专车大，早觉蔓菁扑鼻香。"蔬菜既是美味，又有动人颜容。赤橙黄绿青蓝紫，200多种蔬菜在这里随着节气自然和谐地变换着，分层次、颜色排列组合成各种景观。

一个纯蔬菜的花园，大面积的户外展示，在历史上尚属首次，国内外都没有完整的借鉴作品。而且全国各地的一些常规蔬菜观光园，游客已经熟悉了，不少人已经审美疲劳了。如何展出新意，展出特色，凸显世界范儿、中国风？

为此，百蔬园在建设之初，组织方就决心从全球的视角融合中国文化特色，只用蔬菜演绎一场令人过目难忘的经典大剧。据百蔬园建设运营办公室主任王艺中介绍，组织方和各相关部门经过20多次的研讨碰撞，从10个方案到3个方案，最终确定了百蔬园的放射状"历史大剧"方案。通过利用坑塘、树林、植被稀疏的荒地等布景，演绎出人类从森林、沼泽、荒漠、草原等多样性自然环境中发现和认知蔬菜的历程，场景化地展示历史长河与生态空间中蔬菜与人的故事，展示前瞻性的城市和家庭农场，展示以蔬菜为载体的新的生活方式，开启人们从过去、现在到未来，从自然、田园到城市的多维度融合性、体验性的蔬菜认知旅程。

百蔬园蔬菜历史剧大构思

百蔬园分为户外、室内两部分，总占地面积54亩[*]。户外是菜的花园，分为森林与沼泽、荒漠与草原、田园庭院、乐享家园4个区域；室内分为蔬艺生活区、百蔬科技区、蔬菜博物馆、蔬菜剧场4个展区。户外是展园主体，共有47亩，由4个区域构成，从17亩的森林与沼泽，到近15亩的荒漠与草原，到8亩的朴素田园庭院，再到象征现代城市的乐享家园，四大区域如蔬菜花蕊一样，从四周向中心聚拢，共同演绎从过去、现在到未来，蔬菜和自然、田园与城市的全面融合，展现出蔬菜历史剧的大构思。

能进入"历史剧"的蔬菜，也是经过了精心的筛选。有些蔬菜好吃不好看，有些好看不好吃。怎样避免蔬菜"比花好吃但没花好看"的问题？有些蔬菜耐寒但不耐热，有些蔬菜耐热但不耐寒，在长达162天的展览周期，怎样布展才能使蔬菜免受气温突变的影响？千头万绪，北京市农业农村局为此提前一年半就开始着手准备。2017年在京郊安排了3个试验基地，开展了蔬菜品种、技术、植保、土肥、农机等多部门全方位的联合试验，从300多个蔬菜品种里一次次筛选，才逐步形成了最终的200多个品类的"大菜单"。

世园会是个大花园，更是一个艺术园，如何让百蔬园也能跻身艺术的花园？怎样让蔬菜出于"土"却脱"俗"，打破"蔬菜只能吃"的常规观念呢？农业人、艺术家、工程技术人员聚集在一起，把农艺、工程、现代农业装备技术和艺术整合起来，量身定制了一套套蔬菜的"艺术服装"，就连温室的储水罐也在艺术家的巧思下变身"蔬菜卡通兄弟"，盛装迎客。

百蔬园室外景观蔬菜大花园1

*亩为非法定计量单位，1亩≈666.667米^2。——编者注

百蔬园室外景观蔬菜大花园2

　　远望百蔬园，夕照外，天高水长，水蓝蔬绿；风起时，水波涟涟，蔬影摇曳。在城市的喧嚣中，百蔬园呈现出一幅宁静美好的绿色田园风光，菜籽已抽出新芽，像蝴蝶的翅膀，在清风中翩翩舞动，蔬菜总是那么美，犹如北方佳人，绝世而独立，一顾倾人城，再顾倾人国。从森林、沼泽、草原、沙漠到庭院，蔬菜穿越时空，从远古走来，向现代的人们展示着人类劳动智慧的结晶。

远望百蔬园，夕照外，天高水长，水蓝蔬绿

世园"菜色"皆可亲

　　"菜色",在过去是形容荒年时人们只能吃菜而营养不良的脸色。而到了今天,由于日常肉食类摄取容易甚至偏多,多吃各种蔬菜,反而代表一种更健康的生活方式。在世园会里,"菜色"则被赋予了更多含义,不仅有红、绿、黄、紫等丰富多彩的颜色,更有让人眼界大开的传承与发展,世园会里的"菜色",它不像古时那样指向了窘迫,而是代表了勃勃生机。让我们一起游历百蔬园展区的美好"菜色",感知菜色掩映下的百味"蔬香"吧。

巨型"菜篮"——最吸引人的网红打卡地

　　来到百蔬园附近，远远就能看到两个十分醒目的巨型"菜篮"，这里是百蔬园最吸引人的网红拍照打卡地之一。这两个巨型"菜篮"由两个功能型的储能罐组成，高约11米，主要服务于室内展区——连栋温室，为温室供能保温。两只能源罐原本只有毫无生机的灰色外观，为了突出百蔬园的主题，与园区景观相映成趣，中央美术学院的艺术家团队历时3个月，将储能罐设计成了两个巨型"菜篮"，十几人手绘完成了罐子上的图案。

　　远远望去，"菜篮"中抽象地彩绘了很多常见的蔬菜，如白菜、南瓜、甜椒、茄子等，运用色块、色面等几何图形来处理，配合能源罐的曲面，呈现出了3D立体菜篮的视觉效果。两个"菜篮"的彩绘图案均为上部是蓝天白云，下部是竹编的原生态菜篮，菜篮中是由色块组成的多姿多彩的蔬菜，各种颜色融汇一体，亮丽而不失沉稳，多彩而不失和谐。巨型"菜篮"的彩绘也正是百蔬园的真实写照，碧蓝的天空、雪白的云朵下，各色蔬菜组成的彩练在随风舞动。彩绘的景象和百蔬园中真实的景象交相辉映，有一种奇妙之感。

百蔬园网红——巨型"菜篮"

百蔬园巨型"菜篮"

主入口斑斓木植箱——开启百蔬之旅

来到百蔬园主入口，映入眼帘的是用木植箱搭建的主体结构入口景观。该景观完全由蔬菜打造，新绿、翠绿、墨绿、紫红、杏黄、梨黄、橘黄、浅褐的木植箱中种植着各种生机勃勃的蔬菜。

木植箱表面镶嵌着醒目的百蔬园标志（LOGO），LOGO使用蔬菜艺术字进行点缀，突出展览主角——蔬菜。木植箱周围整齐有序地放着不同品种、不同颜色的盆栽蔬菜，与多姿多彩的木植箱景观相映成趣，各种色彩相互碰撞、相互融合，色多不乱，艳丽不俗，形成了独特的蔬菜园艺景观，充分展现出蔬菜在景观布置与园艺设计中的应用天分。园艺本就源于自然，百蔬园的入口景观将蔬菜与科技、艺术和园艺进行巧妙融合，充分表达了"让园艺融入自然、让自然感动心灵"的世园会理念。

百蔬园入口景观

田园庭院——打开田园牧歌情怀

从主入口处进入园区，就开启了一场神奇的蔬菜之旅。眼前是由羽衣甘蓝、彩色花椰菜、黄花菜等一些食用蔬菜打造而成的庭院菜园和阳台菜园，既满足人们食用的需求，又让人有一种远离都市喧嚣，回归田园、回归自然的舒适与惬意。

百蔬园田园庭院景观

田园庭院区〝羽衣甘蓝〞茁壮成长

　　城市里高楼林立，在城郊拥有一个带院子的房子或者在家里有个大大的阳台，种种菜，又能看，又能吃；在自己种出的菜园子里发发呆，看看书，晒晒太阳，看云卷云舒，任时光悄悄溜走，这样的生活是每一个都市人的梦想。田园庭院区多形态的田园风貌的展示，为你梦想中的菜园，提供了一个个模板。这里还特别设立了玻璃房，模拟家庭的室内阳台菜园环境，阳光洒在室内，透过玻璃可以直观地看到蔬菜生长的过程；同时为一些娇贵蔬菜躲避夜间低温或突发天气灾害提供应急场所。

田园庭院区设立的玻璃房

　　田园庭院中大片由羽衣甘蓝打造的景观成为了视觉艺术聚集地。羽衣甘蓝，既具"舌尖"品质，又是"颜值"担当，光听名字，就觉得有些许浪漫色彩。它还有着另外一个称谓——蔬菜中的牡丹花。淡红、紫红、淡黄……20余种羽衣甘蓝如牡丹般雍容华贵，不同的品种跟随季节的变化而更换，吸引了不少游客驻足。

　　羽衣甘蓝是十字花科芸薹属植物，是甘蓝的园艺变种。别名为"牡丹草""花甘蓝""花苞菜"等，一年四季都能收获。其观赏期长，营养丰富，有抗癌蔬菜之美称。其叶片美观多变又色彩艳丽，整株就像一朵盛开的牡丹。是盆栽观叶的佳品，欧美及日本等国还将部分观赏羽衣甘蓝当做"鲜切花"销售。"风吹仙袂飘飘举，犹似霓裳羽衣舞。"凭借着丰富多彩的"颜值"，羽衣甘蓝打造而成的景观，同样如"霓裳羽衣"一般成为观赏者的视觉盛宴。

"羽衣甘蓝"组图

乐享家园——全方位的蔬菜体验

　　蔬菜不仅能带您回到自然田园，也能带您走进现代生活的场景。刚从田园牧歌的风景中走出便踏入了乐享家园中心。乐享家园中心是一组单层有坡度的迷你城市建筑，通过内部空间和外部空间的水平融合、下沉空间与屋顶空间的垂直展开多维度呈现，是蔬菜走进生活的场景展现。

　　乐享家园中心的外部景观主要由下沉广场和屋顶菜园构成。下沉广场远远看去，是一处开阔、干净的风景。

乐享家园下沉广场

　　被屋顶菜园半环绕的下沉广场正中间有一个宽阔的舞台，看上去颇有设计感。几个种满绿色蔬菜的原生态木植箱上面镶嵌着醒目的"新鲜音乐会""Fresh"字样，这些高低错落，简洁素雅的艺术字，与背后一块巨大的电子屏幕构成一个简约的舞台。在这里，一场场蔬菜音乐会、蔬菜艺术表演点燃了欢乐气氛，还有定期举办的蔬菜主题日活动，为游客带来综合性的艺术体验。

乐享家园音乐会组图

蔬菜主题日组图

从下沉广场侧面的坡道拾级而上，便是屋顶菜园，展现现代城市与小农田园的艺术结合，同时这里也是俯瞰"万年蔬菜史"（利用坑塘、树林、植被稀疏的荒地等布景，演绎人类在森林、沼泽、荒漠、草原这些典型地貌形态内发现和认知蔬菜的历程）的最佳取景点。

乐享家园屋顶菜园

乐享家园的内部空间里设有品牌蔬菜馆、蔬菜花艺馆、蔬菜沙拉吧等功能区域。其中，品牌蔬菜馆重点展示了北京蔬菜的好品牌、老品牌，在这里，游客可以轻松唤起舌尖上的"北京记忆"。

乐享家园蔬菜花艺馆

乐享家园美食烹饪活动

蔬菜沙拉吧里的"轻食DIY"活动组图

森林与沼泽——水生蔬菜的天堂

　　从乐享家园往西北走，森林与沼泽景观区就展现在我们面前。这里是一处十分开阔的景观，让人感受到天地间的宏大，水清树绿、蔬翠菜美，相映成趣、绿意盎然，颇有"绿树村边合，青山郭外斜"之美感。

　　森林与沼泽景观区由森林及林下种植品种，水景及水生蔬菜打造而成，高度还原森林、沼泽的地貌景象，流水的灵动加上蔬菜的欣荣，漫步其中犹如身处广阔的大自然，身心都得到了舒展。

　　森林与沼泽区域中心的绿池，水清而且青，水生蔬菜郁郁葱葱，水生花卉欣欣向荣，各种植物错落有致、色彩分明，红色的金鱼、红白相间的锦鲤游弋其中，与碧蓝的天空遥相呼应，形成一道绚丽的风景。水泽和草木间蒸发的水汽，如同烟雾般凝集着，缥缈而上，绿池中心还矗立着金属打造的荷花雕塑，流水潺潺，从花叶缓缓流入绿池之中，灵动又宁静。

森林与沼泽景观

森林与沼泽景观

荒漠与草原——耐旱蔬菜的别样景观

　　离开仙气飘飘的森林与沼泽景观区，再往南走一点，就是荒漠与草原景观区，芦荟、食用仙人掌、辣椒等耐旱品种所打造的景观安静地等着游客前来观赏。荒漠与草原地区也是可以种植蔬菜的，只是蔬菜的品种有一些讲究。

荒漠与草原组图

　　众所周知，仙人掌的耐旱能力惊人，其喜阳光，怕寒冷，在沙漠中仍能大量存活，将其当作观赏植物种植，也不需要花费过多精力。此外，仙人掌的肉质茎片中含有大量的营养素和微量元素。墨西哥许多干旱地区成片种植饲用仙人掌，如将仙人掌与其他饲料配合喂养牛、羊、猪等牲畜，就算全年不另外喂水，饲养效果也很好。

食用仙人掌

　　沙葱种植面积不大，但也有展示。沙葱是一种特别耐旱的植物，浇水或降雨时生长迅速，干旱时则停止生长，其形态像幼葱，根系发达，具有重要防风固沙和防止水土流失的生态保护功能。

　　此外，荒漠与草原区域还种植了各种观赏椒，其外形与普通的辣椒差别很大，有的玲珑剔透，有的色彩斑斓，在荒漠之中更显艳丽。

　　该景观区域营造出逼真的荒漠与草原场景，让游客在了解荒漠与草原地形究竟适合种植哪些蔬菜的同时，也能感受百蔬园景观的多样变化。

荒漠与草原区域观赏辣椒组图

葫芦走廊——累累硕果艳百蔬

从荒漠与草原景观区往室内方向走，有一处由蔓生蔬菜打造的葫芦走廊，这里也是通往室内展区的道路。这里完美体现了蔬菜既能种在田间地头，又能进得花盆，下得了厨房，上得了廊架。

蔓生蔬菜打造的廊道

夏末初秋，廊架上已硕果累累，在和煦的风中，漫步廊道之上，抬眼可见大小"萌瓜"挂满棚架，让人们在休闲散步的同时感受丰收的喜悦。廊架上的蔓生蔬菜主要包括南瓜、葫芦、苦瓜、丝瓜、蛇瓜、老鼠瓜、架豆，等等。其中，观赏南瓜色彩艳丽，形状多样，极具观赏价值；各类葫芦大小不一，或小巧可人，能把玩于手掌之上，或形大如斗，憨态可掬，更有甚者形似油槌、状如鹤首；老鼠瓜则形如纺锤，色泽艳红，点缀于万绿丛中；而蛇瓜宛若灵蛇；丝瓜长可垂地，站在3米多高的廊架下，触手可及。形形色色的瓜、豆将廊道分为不同的观赏区，兼具了观赏和隔断功能。

随着种植时间的推移，秋高气爽的时节来临，瓜类和葫芦类适合廊道种植的品种，都面临着生长后期基部叶片衰老脱落的问题，这时，扁豆、豇豆等豆类蔬菜前来救场。豆类蔬菜生长快、长

势旺，能够弥补后期葫芦和瓜类植株基部落叶，仅余空杆的问题。此外，豆类蔬菜所开的花、结的荚，色彩丰富，放眼望去，白色、紫色、红色，争相斗艳。豆类蔬菜的花与荚极大地增加了廊道的观赏性。

廊架上的葫芦

南　瓜

观赏瓜

观赏瓜组图

"巨无霸"连栋温室——智慧农业的写照

斑斓耀眼的巨型玻璃长廊，在阳光的照耀下，熠熠发光，尽显美艳，它究竟是什么呢？这其实是百蔬园的室内展区，一个4 500米^{2}的"巨无霸"连栋温室。它可不是外观漂亮的花架子，它具有强大的功能，基于现代农业物联网系统的智慧管家，可智能调节温室内部的光照、温室、湿度、二氧化碳气体含量等因素，为各类蔬菜提供良好的生长环境，是智慧农业的写照。

室内分为蔬艺生活区、百蔬科技区、蔬菜博物馆和互动体验区4个功能区。中间是主体，分为蔬菜博物馆和蔬菜体验区。

"巨无霸"连栋温室入口

彩绘蔬菜圆盘——蔬菜博物馆的"大门"

进入连栋温室，映入眼帘的是10余个大小不一的彩绘蔬菜圆盘，错落有致，悬空而挂，这里就是蔬菜博物馆的"大门"。这些彩绘蔬菜圆盘，以蔬菜为主题彩绘元素，通过彩绘的手法，艺术的方式，展现蔬菜美丽的另一面。蔬菜博物馆的"大门"也因其出众的彩绘之美成为了百蔬园的标志性景观。

蔬菜博物馆入口

圆盘上的图案都是由蔬菜构成的，特邀的专业人士，花了近两个月的时间，打造出了这一艺术造型，将农业和蔬菜的知识和理念，用艺术化的方式呈现给公众，让更多人理解和体验到蔬菜的艺术性，打破人们对农业展览的刻板印象。

彩绘蔬菜圆盘走廊的打造，给人以蔬菜装点生活的新的提示，不仅蔬菜本身能打造出诱人的田园风光和现代艺术风光，以蔬菜为主题的艺术品也可以别具一格，美得不可方物。一个个多彩的圆盘悬空而挂，有的红飞翠舞、有的姚黄魏紫……阳光透过透明的玻璃温室，洒下斑驳的疏影，蔬菜圆盘和它们的影子缓缓而动，似乎带来了一阵阵蔬菜的清香。

彩绘蔬菜圆盘

蔬菜博物馆——探寻蔬菜文化之美

穿过彩绘的蔬菜圆盘走廊，就进入了蔬菜博物馆。走进这座博物馆之后，很多人才发现，原来我们每天都要吃的蔬菜，背后还有很多大家并不了解的知识。古人也有菜谱吗？世界上最古老的烹调书是哪一本？"诗圣"杜甫的"野菜凉面"怎么做？很多与蔬菜相关的问题，在蔬菜博物馆里，都能一一找到答案。世界各地有关蔬菜的美食、美味、美景，古今中外对蔬菜的审美……在这里可一网打尽。

蔬菜博物馆内景——博物馆里长知识

蔬菜博物馆内景——博物馆里长知识

　　进入蔬菜博物馆，就踏上了"蔬菜之旅"，探寻蔬菜的"传播之路""利用之法"和"创新之道"，追溯蔬菜物种的演化和传播，欣赏古今中外文人艺匠对于蔬菜的审美，体验世界各地有关蔬菜的美食、美味、美景，窥探蔬菜文化。

　　蔬菜博物馆包括主题展区和跨界展区两部分，主题展区从全球性的视角出发，以蔬菜的起源、蔬菜的传播、中国人的餐桌、蔬菜饮食与文化等不同板块来展现历史长河中蔬菜与人的故事。不同国家、不同地域蔬食文化不同，蔬菜博物馆用展板的形式展示了各种蔬食文化。

"诗圣"杜甫的"野菜凉面"

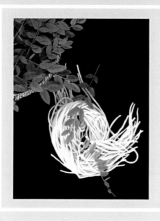

青青高槐叶，采掇付中厨。新面来近市，汁滓宛相俱。入鼎资过熟，加餐愁欲无。碧鲜俱照箸，香饭兼苞芦。经齿冷于雪，劝人投此珠。

法国贵族的"拌芦笋"

在水中煮芦笋，加一点盐，注意不要加得太多。当它们快要煮熟的时候，把它们夹出来，沥干水分。或白胡椒粉做酱汁，把它们放在一个盘子里，用黄油、盐、醋、肉豆蔻上，拌匀即可。将酱汁搅拌均匀后，倒在芦笋

阿卡德人的"红烧芜菁"

煮开水，放入芜菁、油脂等香料，把韭葱、大蒜挤一挤，将挤出的汁液撒在菜上，加入洋葱和薄荷即可。添加洋葱、香菜、孜然

古罗马人的"煮葫芦"

将葫芦果实切成片放入水中煮熟，取出煮熟的葫芦，把水分挤干，把葫芦片放在烤盘中。压碎胡椒、小茴香、芸草，加入少量的醋和浓缩葡萄酒，将这些小锅里混合，倒入装葫芦的烤盘，煮沸3次后离火，加入少量胡椒即可。

历史上的蔬食食谱

小贴士

蔬食文化

唐朝人的野菜凉面：

诗圣杜甫的《槐叶冷淘》中描述的野菜凉面，主要食材是嫩槐叶和面粉。做法大致是采青槐嫩叶捣汁，加入面粉做成细面条，煮熟后放入冷水中浸漂，然后捞起以熟油浇拌，放入井中或冰窖中冷藏，食用时可加各种佐料调味，看上去色彩碧绿，吃起来口味清爽，这也是唐朝宫廷常吃的消暑佳品。唐朝人颇喜吃野菜，有农历二月二踏青采摘野菜的习俗，形成了独特的"挑菜节"，如李淖在《秦中岁时记》中记载当时首都长安"曲江采菜，士民游观极盛"。

阿卡德人的"红烧芜菁"：

这道菜被收录在阿卡德泥板中，阿卡德泥板其实是一本古老的烹调书，就像如今的菜谱。公元前1700年，在两河流域，以楔形文字雕刻在泥板上的35道阿卡德人的菜谱被认为是世界上最古老的烹调书，距今约有3700年的历史。

古罗马人的"煮葫芦"：

"煮葫芦"被记载于《论烹调》当中。《论烹调》是古罗马一本写给专业厨师的烹饪书，一般被认为成书于1世纪左右，对人们了解古代地中海地区的饮食有重要文献意义。

法国贵族的"拌芦笋"：

"拌芦笋"这道菜来自法国弗朗索瓦·马西奥的《新版绅士食谱》。弗朗索瓦·马西奥是17、18世纪法国著名的宫廷厨师，《新版绅士食谱》撰写于1691—1734年，包括了他为法国皇室贵族们所烹饪佳肴的菜谱，同时他也是第一位用字母排序法编撰菜谱的厨师。

　　跨界展区展现了与蔬菜相关的绘画、雕塑、装置、影像艺术等多元艺术作品。其中，以北京的网红菜市场——三源里菜市场蔬菜摊位为原型的《成果》雕塑，成为游客打卡地。

《成果》雕塑组图 ——游客打卡地

三源里菜市场景深式布景

小贴士

三源里菜市场位于北京朝阳区顺源里,始建于1992年10月,营业面积1 560米^2,现有摊位139个。当一个个老菜市场遭遇改造、搬迁的命运时,拥有20多年历史的三源里依旧以传统市场的面貌展现在大家面前。有人说它是北京最有国际范儿的菜市场,有人说它是北京最时尚的菜市场,还有人说它是北京名头最响的菜市场,它之所以成为"网红",不单是因为经常有明星、高档餐厅的主厨前来光顾,更主要的是这里商品种类丰富、品质上乘、分布清晰,受到很多市民的热捧,成为名副其实的"网红"菜市场。而《成果》这幅作品以种类丰富、颜色鲜亮的蔬菜为艺术元素,通过写实的艺术手法将蔬菜的叶片、筋脉、疙瘩、虫洞等每一个细节表现得淋漓尽致,几十种新鲜的蔬菜或按颜色、或按形状,有条不紊地堆积在一起;朴实的大姐从菜堆中央冒出来,笑容憨厚,在吆喝着售卖——人与菜、菜与艺术的组合极具现代主义形式感和时尚主义艺术感,既是人们对物质作用的"成果",也是物质对人作用的"成果",更是社会不断发展变化的"成果"。"80后"青年艺术家柳青的这幅《成果》在第十二届全国美术作品展中荣获铜奖,2016年被中国美术馆收藏,2019年世园会期间,在百蔬园蔬菜博物馆展出,成了众多游客的拍照打卡地。

互动体验区——现代科技加持"科幻感"急升

互动体验区不仅有各种前沿科技，如全息影像、虚拟现实（VR）互动游戏，还有能够看电影、做手工的蔬菜剧场，这里也是百蔬园里最热闹的地方。

一进入互动体验区，首先映入眼帘的就是一粒种子成长全过程的全息影像。通过全息影像设备，我们可以近距离观察番茄树从一粒种子开始的生长过程，从种子发芽到长出根茎，到枝繁叶茂，再到一颗颗番茄高高挂，全息投影将这一过程展现得逼真而细致，为游客呈现最直观的视觉效果。

番茄树的生长过程全息影像

观看完番茄成长的全息影像后，再往前，就来到了VR互动区域。在这里，百蔬园通过VR技术，搭建出"蔬菜探寻之旅"主场景。游客戴上VR眼镜，即可进入到一个色彩缤纷的蔬菜大世界，在真实、刺激的过山车之旅中，体验蔬菜的起源、发展，以及走上餐桌的全过程；VR互动不仅体现娱乐性，更让游客在娱乐中，了解蔬菜文化。除了VR互动外，游客还可以在这里体验互动游戏，如"种菜大赢家"，以"打害虫"为内容，可以通过手势来体验施肥、种植、灌溉蔬菜的全过程，集知识性、趣味性于一体，非常适合亲子互动。

百蔬园里欢乐多——身临其境的感觉

百蔬园里欢乐多——玩消灭害虫的游戏

蔬菜剧场——多彩"蔬菜派对"嗨翻天

互动体验区再往里走一些，就到了蔬菜剧场。

世园会期间，百蔬园举办了100多场有趣、有料的活动，其中，大部分都发生在蔬菜剧场，"百蔬园飘来番茄香""百蔬园，挺好玩！""蔬菜也能做拼图"世园会'百蔬大课堂'邀你来玩""品味蔬菜养生 共享健康生活""我眼中的百蔬园——摄影爱好者走进百蔬园""创意百蔬园系列活动——最美小记者""创意百蔬园之小手绘百蔬""食育中国·菜行天下""百蔬园里科技多 小小观察员来揭秘""南瓜主题日——丰收节的喜悦"等"蔬菜派对"轮番上演，吸引了很多的游客参与。

"创意百蔬园之小手绘百蔬"活动：现场作画

"创意百蔬园之蔬菜也能做拼图"活动：现场评分

"南瓜主题日——丰收节的喜悦"：雕刻南瓜

"百蔬园飘来番茄香"活动现场

"创意百蔬园之最美小记者"活动：新老 "百蔬园里科技多 小小观察员来揭秘"活
记者现场对答 动：看看害虫长啥样

　　在这里开展的还有"蔬菜教室""蔬菜创意"等活动。"蔬菜教室"围绕蔬
菜相关的科学、饮食、文化、历史知识，邀请中国农业大学、中国农业科学院、
北京市农林科学院等科研机构的专家学者，以及有影响力的烹饪达人、博物学
家、科普作家等，现场讲解并为游客答疑解惑。"蔬菜创意"则邀请与蔬菜相关
的跨界达人，例如以蔬菜为素材做创作的艺术家、摄影师、设计师等，讲述他
们与蔬菜的故事。

"蔬菜教室"跨界达人现场讲解

百蔬科技区——颠覆传统认知的农业科技秀

　　来到百蔬科技区，就进入了一个神奇的蔬菜世界，一排排养眼的嫩绿色蔬菜墙，不见任何泥土，却长得郁郁葱葱；磁悬浮技术让观赏盆栽变身为空中小飞侠；一个奇妙的番茄世界里，满藤的绿叶和各种番茄，却找不到"根"在何处；像冰箱一样的柜子里长出黑木耳、杏鲍菇、金针菇等五彩"蘑菇森林"；巨型番茄树"手臂"伸展开，占据200多米²的房顶空间……一切都新奇的让人睁大了眼睛。

　　在"百蔬园"室内蔬菜科技展区里，集中展示了现代农业与科技的超级融合，展示的有番茄工厂化生产、彩椒工厂化生产、人工光植物工厂，等等。以观光走廊形式，展示完全人工环境下叶菜的工厂化多层立体栽培模式。在这个展区，游客可看到北京先进的农业生产科技，包括智能环境监测、水肥一体化、无土栽培等，感受到都市农业的科技魅力。

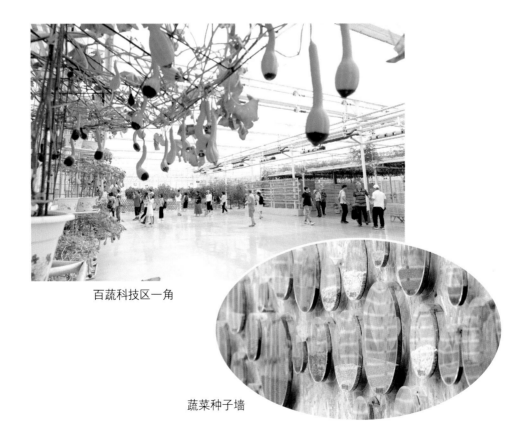

百蔬科技区一角

蔬菜种子墙

彩椒工厂化生产

蔬艺生活区——蔬菜的生活园艺之美

　　蔬菜不只是一种食物，更是具有观赏性的艺术植物，是装点生活的佳品。百蔬园在室内展区中专门开辟了蔬艺空间，展现蔬菜在装点生活方面的作用，体现蔬菜的生活园艺之美。

蔬艺生活空间

　　该区域设有公共蔬艺空间和家庭蔬艺空间，将多姿多彩的蔬菜园艺与家庭休闲、现代办公环境有机融合，体现了观赏性蔬菜在家庭、办公等环境里的美化功能。其中，公共蔬艺空间搭建了蔬艺融入接待室、开放办公室、会议室等办公空间的场景，而家庭蔬艺空间则搭建了蔬艺融入厨房、餐厅、客厅、卧室、庭院等日常生活的场景。

蔬艺生活空间

　　蔬艺空间中，一盆盆绿意盎然的蔬菜整齐有序地悬挂在围栏上，一根根绿蔓轻轻垂下，柔软而散发着生机。整洁的办公桌上放置着一个个蔬菜艺术品，它们由性状各异的观赏蔬菜，通过色彩、栽培模式的融合拼搭而成，组成一个个具有高观赏价值的蔬艺装饰品，玲珑精致。

蔬艺生活空间——办公桌上的蔬艺装饰品

　　此外，蔬艺空间中还有一些在外面基本看不到的奇特蔬菜品种，比如玛哥、金翅瓜、绿多翅等。一盆盆"麦克风"观赏南瓜长势茂盛，引人注目，绿油油的大叶，黄澄澄、金灿灿的瓜，有的瓜底部还有一圈墨绿，整个瓜形似"麦克风"，挂在葱翠的藤蔓上，好似一个个金勺。除了长得不像南瓜的南瓜，这里还有一颗颗小巧玲珑的，果形酷似南瓜的辣椒——南瓜椒。一粒粒深红浅紫圆圆润润，从绿叶中探头而出，长势喜人，不同阶段的椒粒还具有不同深浅的颜色，浅红、艳红、淡紫、墨紫，一个个如同精灵一般在绿叶中跳跃。南瓜椒可不是只能看的花瓶，南瓜椒还可食用，而且辣味浓郁。这些极具观赏性的蔬菜将办公空间以及家庭空间装点得如田园、如自然、如艺术殿堂，在这样的空间里办公或是生活，会令人心旷神怡。

蔬艺生活空间——新、奇、特蔬菜组图

第二章
草之可食者
chapter 2

漫步百蔬园，不仅是目睹五彩斑斓的蔬菜世界，穿行在蔬菜的海洋，本身也是穿行在历史与文化的长廊。蔬菜无声，可眼前林林总总的绿色精灵，本身就在诉说着人类的生存史、发展史、奋斗史，甚至可以说，蔬菜的驯化史贯穿人类社会始终，它们从大自然中被人类发现、食用、种植、改良，并陪伴人类世代繁衍生息。那么，究竟什么是蔬菜？古人吃的蔬菜跟今天一样吗？如今餐桌上的蔬菜都是从哪里来的？我们不妨一起开启一场蔬菜的历史穿越之旅，看看蔬菜的前世今生。

什么是蔬菜?

　　"蔬菜"一词古今是怎么定义的?浙江余姚河姆渡遗址中出土的瓠,甘肃秦安大地湾新石器时代遗址和西安半坡遗址出土的芸薹属种子,是否能证实人类在七八千年前就已开始栽培蔬菜?2 500多年前的《诗经》里,记载了多少种蔬食?《尔雅·释天》里"谷不熟为饥,蔬不熟为馑。"的记载表明:在古人的饮食结构中,除了主食,蔬菜同样是不可少的。那么古人菜篮子里都有哪些蔬菜呢?让我们去翻翻古人的菜篮子,看看古人餐桌上都有哪些鲜蔬。

古今定义

在《现代汉语词典》中，"蔬菜"一词的定义是"可以做菜吃的草本植物，如白菜、菜花、萝卜、黄瓜、洋葱、扁豆等。也包括一些木本植物的嫩茎、嫩叶和菌类，如香椿、蘑菇等。"

可如果对"菜"字进行汉字溯源，我们发现篆文的"菜"是，由有草本植物含义的"艸"（艹）和表声兼表字义的"采"构成；"采"是由有手爪含义的"爪"与有草木含义的"木"构成的会意字，表示伸手在草木上采摘花朵或果实，与"艸"合起来表示：如同采摘花朵或果实似的，一棵棵地采摘作副食品的草本植物。在上古时代，没有专门的菜园，更没有大棚和温室，蔬菜都是野生的，需要去采集。于是"采"成为各种野菜的总名。后加草字头，成为"菜"字，造字本义就是强调要靠采摘来获取作为食物的植物。

如果我们再研究一下蔬菜这个词汇中的"蔬"字，则可以更加深入地理解，"蔬"是形声字，从艹，从疏。"疏"意为"穿行迷宫""曲径通幽"，"艹"指草本植物，"艹"与"疏"联合起来表示"生长在迷宫般的园圃里的花草"，本义是种类繁多的花草。"蔬菜"一词意为"多种采集来的可食花草"。而早在1 900多年前，《说文解字》中蔬菜是这样定义的："菜，草之可食者。"并解释称，因为是要将能吃的"草"采来充饥，为区别不能吃的"草"，就把"草""采"二字合而为一，成了个"菜"字，很形象。"蔬菜"一词，按《说文解字》的注释，可见"蔬"菜也；"蔬"与"菜"是2个异体同义字。《尔雅》中说："凡草菜可食者，通名为蔬"。

到了现代，蔬菜及食品专家认为，凡是栽培的一、二年生或多年生草本植物，也包括部分木本植物和菌类、藻类，具有柔嫩多汁的产品器官，可以佐餐的所有植物，均可列入蔬菜的范畴。

世界上的蔬菜种类有200多种，普遍栽培的有五六十种，别看全世界普遍栽培的只有几十种，其实同一种蔬菜中有很多变种，每一个变种又有很多栽培品种。从古至今，人类不断认知自然，从野生蔬菜的采集，到将其从自然界分离、驯化，直至形成现今多种种类、多品种，蔬菜已成为生活的必需品。

《诗经》里的蔬菜

如今无论冬夏我们都能吃上五颜六色的蔬菜，而如果上溯至几千年前，古代中国本土栽培的蔬菜其实很少，《诗经》《夏小正》记载的人工栽培蔬菜仅有几种，其中夏季蔬菜更是少之又少，只有瓜、瓠、葵是全年可食。

传说中，我国最古老的蔬菜是葫芦。在我国黎族、壮族、水族、苗族、瑶族等民族中流传的创世神话里，人们除了视伏羲和女娲为人类的始祖，还信仰着一种原始图腾，那就是葫芦。在传说里，史前，世界被一场滔天的洪水淹没时，伏羲和女娲靠躲进大葫芦里才得以避祸。

在7 000多年前的浙江余姚河姆渡遗址中发现了葫芦皮和葫芦籽；距今六七千年的西安半坡原始母系氏族公社遗址中，发现了仿照葫芦做成的葫芦盛器。

除了葫芦外，我国古人还会食用哪些蔬菜呢？从我国第一部诗歌总集《诗经》中可以找出不少描述，书中提到的"茆（莼菜）""蕨""葑（芜菁）""菲（萝卜）"等，就是当时人们食用的野菜。由于当时的农业文明刚刚起步，人们的栽培种植还处于萌芽期，采集野菜食用是当时的主要食物来源之一。

比如《小雅·采芑》里，"薄言采芑，于彼新田"描写了在郊外的新田里，人们急急忙忙采苦菜的场景，让人仿佛感受到了遍地野菜的芬芳。《小雅·采菽》里，"采菽采菽，筐之筥之"的"菽"是大豆，采呀采呀采大豆，方筐圆筐都来装。《小雅·采薇》里"采薇采薇，薇亦柔止"，薇就是野豌豆苗，那可是古人餐桌上的美味。还有《鲁颂·泮水》里"思乐泮水，薄采其茆"的"茆"就是莼菜，开暗红色花，茎和叶都可入菜，味道很鲜美。

《诗经》中描述的春天里的野菜品类颇多，"陟彼南山，言采其蕨"里的蕨菜，"参差荇菜，左右采之"里的荇菜，"采葑采菲，无以下体"里的"葑"与"菲"，指的是芜菁（俗称大头菜）和萝卜。

有人统计过，《诗经》中涉及的植物共132种，其中蔬食有50多种，大半是当时人们采食的野菜，其中很多在后来较少利用；历史上有栽培及受到重视的野菜25种，即瓜（薄皮甜瓜）、瓠、菽（藿，即大豆）、韭、蓼、葵（冬寒菜）、荼、苣、蒿类（蒌、蘩）、荠、薇、莱（藜）、堇、杞、葑（芜菁）、菲（萝卜）、葛、荷（莲藕）、芹、茆（莼菜）、荇（荇菜）、蒲（香蒲）、笋（竹笋）、蕨、谖（金针菜）。见于其他先秦文献的蔬菜有：芥、葱、薤、姜、菱、芝栭（食用菌）、芎（苏、荏）、芋、藷萸（即薯蓣）、苴莼（襄荷）、蘧蔬（茭白）、凫茈（荸荠）、苋、小蒜、芡15种。以上40种蔬菜均原产中国。其中可以肯定当时已在栽培的有瓜、瓠、菽、韭、葵、大葱、芋、姜等10种。按照现代农业生物学分类，分属于瓜类、豆类、绿叶菜类、葱蒜类和薯芋类五大类①。

①中国农业百科全书总编辑委员会农业历史卷编辑委员会，中国农业百科全书编辑部。中国农业百科全书［M］.北京：中国农业出版社，1995.

翻翻古人的"菜篮子"

"夜雨剪春韭，新炊间黄粱""嫩割周颙韭，肥烹鲍照葵"，都是古人对韭菜的美好描述；辛弃疾笔下的"春日平原荠菜花，新耕雨后落群鸦"，也将荠菜这一源于我国的蔬菜描写得意境十足；杨万里笔下的"水精菜"其实就是我国自古以来就有的白菜，后来白菜逐渐由我国传入日本、韩国，并经由东南亚传到欧洲和美洲。

《诗经》里描述了50多种可以采集的野菜，但其实不见得都好吃或者能够驯化与种植，实际上，古人对从野菜到蔬菜的再认识，也有一个漫长的过程。

比如早在东周一直延续到之后相当漫长的历史时期，葵、韭、藿、薤、葱这"五菜"都是天南地北的"当家菜"，《灵枢经·五味》中专门记载："五菜：葵甘，韭酸，藿咸，薤苦，葱辛。"

葵指冬葵，又名露葵、滑菜，是古代主要的蔬菜之一。人们熟知的《乐府诗集·长歌行》中"青青园中葵，朝露待日晞"，指的就是冬葵，今人多不识葵，而在古代，葵是一种大众化的蔬菜。北魏贾思勰《齐民要术》将葵列为蔬菜首篇，元代王帧《农书》里，葵甚至被列为"百菜之主"，可"备四时之馔，可防荒俭。"可"百菜之主"后来风光不再，到了明代李时珍《本草纲目》，就已经被明确记述为"古者葵为五菜之主，今不复食之。"

五菜中的韭，也是古代主要的蔬菜之一。春秋时期《夏小正》中便有"正月囿有韭。"的记载，可见韭菜在我国栽培历史之悠久。关于"韭"，《说文解字》里是这样说的："一种而久者，故谓之韭。"意思是韭菜一次栽种就能长久地收割，取"久"音而得名，寓意吉祥长久，故古代韭常被用作祭祀必备的贡品菜。从杜甫的"夜雨剪春韭，新炊间黄粱"，到黄庭坚的"韭黄照春盘，菰白媚秋菜"；从周代"韭菜腌猪肉"的制作规程，到清代袁枚《随园食单》中韭菜盒子的做法，人们对韭菜的喜爱以及韭菜的吃法，古今并无二致。

五菜中的藿，其实就是大豆的嫩茎和嫩叶。《广雅·释草》有"豆角谓之荚，其叶谓之藿"。我国最早的农学著作《氾胜之书》有"以藿作菜"的记载，用藿制作的菜品，无汤叫藿食，有汤则称藿羹。藿多为平民食用，所以古代常以"藿食者"称平民，以"肉食者"称贵族。现在，豆的嫩茎和嫩叶人们日常生活中还在食用。有素炒、凉拌、汤羹等几十种吃法，也算是对中国古代饮食文化的一种继承和发扬。

五菜中的薤（读音Xiè），是古人餐桌上的流行菜。从白居易的"酥暖薤白酒，乳和地黄粥"；陆游的"冻薤此际价千金，不数狐泉槐叶面"等众多诗词歌赋中，可以看出古人对它的喜爱。山南海北的先民对薤有不同称谓："小蒜""薤白头"等，因生命力旺盛，薤常见于坟头野地，又被称作"野蒜"、"野韭"，到了西汉，随着栽培的普及，薤的美名更多了，有"宅蒜""泽蒜""家芝"等雅称。魏晋之后，薤在北方渐渐失宠，种植越来越少，今天，北方人鲜有人知薤为何物。而在南方地区，如今还被广泛种植，尤其是湘赣粤一带。而偏爱薤的人们，每到春日，便到山野间找寻薤的踪影，采下春日第一抹绿，邂逅那古老又最新鲜的"野"味。

　　葱，又称芤（读音kōu），在古代被列为五菜之冠，被称作"菜伯"。在中国传统文化中，常以"伯仲叔季"表示兄弟间的排行顺序，老大称为伯，老二称为仲，依次类推。葱被取名叫"菜伯"，就说明葱很被古人看重。这是因为，葱能调和百味，素有"和事草"之雅名，也因此被列为众蔬之首。现代人多把葱用作调味品，而在古代，则是直接以葱白为主菜。现在山东人喜欢吃的"煎饼卷大葱"，还有一些饭店的"葱白蘸酱"，都是把葱当作主菜，这其实是颇有古风的。

古人餐桌上的"遗憾"

《礼记》说"夫礼之初，始诸饮食"，意思是说，中国的文化是从吃吃喝喝开始的。

关于文化礼仪与蔬菜的纠葛，周文王不爱吃腌菖蒲的故事非常有代表性。文王觉得腌菖蒲味道很差，但仍然坚持表示腌菖蒲是"上品"，也就是说是种很有格调品味的菜肴，原因就是周礼里规定祭礼中必备此物，美味与否并不关键。周文王的论断，影响了后世的孔子，据说他坚持吃了腌菖蒲3年，才终于适应了它的味道。菖蒲只是一种比较难以下咽的野菜，但却上了周文王的"餐桌"，抛开"格调"不说，恐怕也和当时可选择的蔬菜品种太少直接相关。

随着疆土扩大和商贸通衢的原因，中国可栽种的蔬菜品种逐渐增多，到了唐末，《四时纂要》中按照时令和月份，分别讨论了35种蔬菜的种植方法。

有趣的是，中国古代也有自己的"百蔬园"。比如北魏孝文帝重建洛阳城，就建了一座名为光风园的皇家菜园。上行下效，加速了中国本土野生蔬菜的驯化种植，比如古老的野生植物"菘"（白菜）被人工培育成功。此后，包括荽在内的胡瓜（黄瓜）、菠菜、莴苣等蔬菜渐次传入。如果依颜色而论，比较特殊的是茄子。它的颜色是紫色，不在中国的五色系统（青、赤、黄、白、黑）当中。不过这并没有妨碍它在西汉时期，由印度引入中国，并且还是中国最早引入的蔬菜之一。魏晋南北朝时期，茄子在长江流域被广泛种植。

到了隋唐时期，茄子都可以入诗了。人们吃茄子也吃出不少道理，例如《西阳杂俎》中记述，"茄子熟者，食之厚肠胃"。茄子有个别名叫"昆仑紫瓜"，据说这是隋炀帝起的，把茄子养生提到了"昆仑"级别的高度。

"白居易一辈子买不起白萝卜，苏轼的一张字画可以换一屋子白萝卜，但绝对换不来一根胡萝卜"。当然这是个笑谈，背景是人们根据历史上蔬菜的传播和发展而"演绎"出来的。由于白萝卜在唐朝中期还属于朝廷贡品，仅在指定地点可以种植，到宋朝，却已满大街都是。而胡萝卜在13世纪左右时，才从中亚传入中国。因此即使是当时的大文豪，也很难品尝到这些现代已经十分常见的蔬菜的滋味。

同样的故事还有不少，比如文天祥肯定一辈子没见过番茄，戚继光或许见过但一辈子肯定没吃过番茄。番茄在明代时传入中国，但那时番茄被认为是一种有毒的观赏植物，直到近代，一位法国画家冒着"中毒"的危险吃下了番茄，结果发现非常美味，证明了番茄是可以吃的。直到清朝末年，中国人才开始食用番茄。

菜从何处来？

　　关于菜从何处来？历史上曾有许多植物学家开展了广泛的植物调查并对古典植物学、生物考古学、古生物学、语言学及生态学等进行了研究，先后总结提出了关于蔬菜等栽培植物的起源中心理论。那么我们平时常吃的蔬菜，例如土豆、白菜等最开始是起源于哪里呢？哪些蔬菜是我们中国自古就有的，哪些蔬菜又是漂洋过海、从国外传入的呢？

关于蔬菜起源①

当代考古学家在世界各地发掘出新石器时代的陶器，证明人类的祖先是在新石器时代开始定居生活的。在人类定居后，一些野生蔬菜逐步被移植到园圃，进行长期的驯化栽培并开始自然及人为的选择，此后渐渐地形成了蔬菜的栽培种和品种。

瑞士学者德康道尔在《栽培植物的起源》（1885）一书中认为，15世纪末以前，东半球陆地栽培蔬菜有4 000年以上的历史，最早栽培的蔬菜有：芜菁、甘蓝、洋葱、黄瓜、茄子、西瓜、蚕豆等。中国在新石器时代除采集野菜外，已种植芥菜、大豆、葫芦等。

1935年，苏联的瓦维洛夫瓦维洛夫（Н.И.Вавилов）在《育种的植物地理学基础》一书中确立了主要栽培植物的8个起源地，每个起源地为一部分蔬菜种的起源中心。1945年，英国的达林顿（C.D.Darlington）和阿玛尔（Janaki Ammal）在《栽培植物染色体图集》一书中提及的蔬菜种类近50种。1951年，英国的伯基尔（I.H.Burkil）列举了世界上早期栽培的20多种蔬菜（包括莴苣、

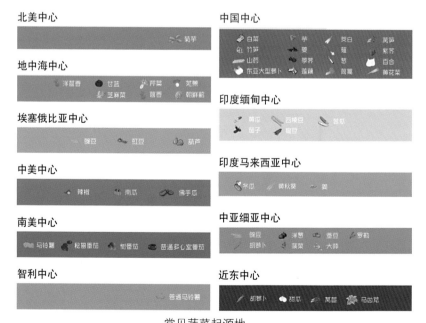

常见蔬菜起源地
（资料来源：《中国农业百科全书·蔬菜卷》1990年）

---

①中国农业百科全书总编辑地蔬菜卷编辑委员会，中国农业百科全书编辑部。中国农业百科全书蔬菜卷［M］.北京：中国农业出版社，1990.

芸薹、白菜、菠菜、叶荟菜、豌豆、苦苣、芥菜、芜菁、芜菁甘蓝、甘蓝、萝卜、洋葱、韭菜、芫荽、茴香、芦笋、芋、茄子、大豆、豇豆、茼蒿、枸杞、葫芦等）的起源、驯化及种内不同生态型和多型性产生的原因等方面。列举了罗马人、日耳曼人、中国人、日本人种植和食用的部分蔬菜种类。强调了中国对蔬菜起源的贡献。1970年，苏联的茹可夫斯基（Л.М.Жуковский）在《育种的世界植物基因资源》一书中，认为必须扩大和补充瓦维洛夫关于地理基因中心起源的概念，确定增加了澳大利亚、非洲（包括埃塞俄比亚）、欧洲—西伯利亚和北美洲4个新的起源中心，成为12个栽培植物的大起源中心。1975年荷兰的泽文（A.C.Zeven）和苏联的茹科夫斯基在对前人工作和栽培植物种质资源进一步研究的基础上，共同著述了《栽培植物及其多样化中心辞典》，书中就12个起源中心补充了栽培的蔬菜植物及其野生近缘植物，又将不能归入任何一个起源中心的驯化植物归入一个"未识别"中心。

瓦维洛夫认为世界的栽培植物有8个起源中心，后来其中的第二及第八中心又分别分出一个和两个中心，总计为11个中心。以后达林顿又添加了一个北美中心。现将上述各中心起源的主要蔬菜分列如下。

中国中心：包括中国的中部和西部山区及低地，是许多温带、亚热带作物的起源地，也是世界农业最古老的发源地和栽培植物起源的巨大中心。起源的蔬菜主要有大豆、竹笋、山药、东亚大型萝卜、牛蒡、荸荠、莲藕、芋、百合、白菜类、芥蓝、黄花菜、苋菜、韭菜、葱、茼蒿等。

印度缅甸中心：包括印度（不包括旁遮普以及西北边区）、缅甸和老挝等地，是世界栽培植物第二大起源中心。起源的蔬菜主要有茄子、黄瓜、苦瓜、葫芦、苋菜、双花扁豆等。

印度马来西亚中心：包括印度支那、马来半岛、爪哇、加里曼丹、苏门答腊及菲律宾等地，是印度中心的补充。起源的蔬菜主要有姜、冬瓜等。

中亚细亚中心：包括印度西北旁遮普和西北边界、克什米尔地区、阿富汗、塔吉克斯坦和乌兹别克斯坦，以及天山西部等地，也是一个重要的蔬菜起源地。起源的蔬菜有豌豆、蚕豆、绿豆、芫荽、胡萝卜、亚洲芜菁、四季萝卜、洋葱、大蒜、菠菜、罗勒、马齿苋和芝麻菜等。

近东中心：包括外高加索、伊朗和土库曼斯坦山地等。起源的蔬菜有甜瓜、胡萝卜、马齿苋等。

地中海中心：包括欧洲和非洲北部的地中海沿岸地带，它与中国中心同为世界重要的蔬菜起源地。起源的蔬菜有甘蓝、甜菜、香芹菜、细香葱、芹菜、茴香、豌豆等。

埃塞俄比亚中心：包括埃塞俄比亚和索马里等。起源的蔬菜有豇豆、扁豆、西瓜等。

中美中心：包括墨西哥南部和安的列斯群岛等。起源的蔬菜有菜豆、南瓜、佛手瓜、甘薯、樱桃番茄等。

南美中心：包括秘鲁、厄瓜多尔和玻利维亚等。起源的蔬菜有马铃薯、秘鲁番茄、浆果状辣椒、多毛辣椒等。

智利中心：普通马铃薯和智利草莓的起源中心。

巴西巴拉圭中心：木薯、落花生等的起源中心。

北美中心：菊芋的起源中心。

中国栽培蔬菜的起源

中国是世界农作物最古老的起源中心之一。起源于中国的蔬菜主要有大豆、竹笋、山药、草石蚕、东亚大型萝卜、根芥菜、牛蒡、荸荠、莲藕、茭白、蒲菜、慈姑、菱、芋、百合、白菜、大白菜、芥蓝、乌塌菜、芥菜、黄花菜、苋菜、韭、葱、薤、莴笋、茼蒿、食用菊花、紫苏等。中国还是豇豆、甜瓜、南瓜等蔬菜的次生中心。

中国古代蔬菜来自野生植物的采集，以后随着农业生产的发展，蔬菜栽培逐步兴起，野生蔬菜逐步向栽培种变化，种类不断增加；同时，随着内外交往的增加，也促进了蔬菜的引入。

中国最早比较详细地记载蔬菜的数据是在2 500年前的《诗经》中，前文已有记述。此后的古籍如：《山海经》《论语》《吕氏春秋》《尔雅》等都有记载。记录的蔬菜大多处于野生状态，栽培的蔬菜仅有韭菜、冬寒菜、瓠、瓜、大豆等几种；其他如葑、菲、莲藕、水芹、竹笋等可能还处于半野生状态；有些蔬菜如荠菜、莼菜等直到现在也只有局部地区有少量栽培；有些则一直处于野生状态。

北魏时期贾思勰撰写的《齐民要术》中，记述了1 500年前在黄河流域栽培的蔬菜有32种，包括种及变种，有瓜（甜瓜）、冬瓜、越瓜、胡瓜、茄子、瓠、芋、蔓菁、菘、芦菔、泽蒜、薤、葱、韭、蜀芥、芸薹、芥子、胡荽、兰香（罗勒）、荏、蓼、襄荷、芹、白蘘、马芹、姜、堇、胡葸子（苍耳）、苜蓿、葵、蒜及大豆等。

此后，中国经"丝绸之路"沟通了与阿富汗、伊朗、非洲、欧洲地区的交往，从而使中亚西亚、近东、埃塞俄比亚和地中海4个栽培植物起源中心的蔬菜传入中国。继丝绸之路开通以后，汉、晋、唐、宋各代又先后开辟了与越南、缅甸、泰国、印度、南洋群岛等国家和地区的海路及陆路交通，从而使印度、缅甸、马来西亚中心起源的蔬菜传入中国。美洲大陆被发现后，通过海路又间接地经欧洲引入了北美中心和中、南美中心起源的蔬菜。因此，自汉代以来，中国蔬菜的来源越来越丰富。

从国外引进的蔬菜

自先秦时期开始，我国历朝历代都有从外国引进的新型品种，不断丰富着中华民族的"菜篮子"。

那么，我们如今常吃的蔬菜，哪些蔬菜是漂洋过海，从国外传入的呢？

炒菜调味少不了的姜，起源于印度、马来西亚一带；茄子、黄瓜、苦瓜、扁豆来自印度、缅甸等地，黄瓜经由喜马拉雅山南麓传到中国南部；胡萝卜、甜瓜、莴苣源自近东地区，甘蓝、芹菜、茴香起源于地中海；番茄来自美洲，传到欧洲、南亚以及中国。

农学家石汉生先生有过这样精辟的总结：大凡姓"胡"的蔬菜很多是两汉西晋时由西北传入的，如胡姜、胡桃等；大凡姓"海"的蔬菜，大多是南北朝以后从海外引进的，如海枣、海棠等；大凡姓"番"的蔬菜，多数是南宋至元明时经"番舶"传入的，如番薯、番茄等；大凡姓"洋"的蔬菜，则大多为清朝时由外传入，如洋葱、洋姜等。[1]

①郭志英.胡萝卜啥时候来到中国的 [J] .文史博览，2017（3）：55.

在以"胡"字为"姓"的蔬菜中,最常见的就是胡萝卜。胡萝卜原产于亚洲西南部,祖先是阿富汗的紫色胡萝卜,有2 000多年的栽培历史。在这之前,民间有一种说法是,胡萝卜的祖先是一种杂草,也就是野胡萝卜,和它的远房亲戚们香菜、芹菜、小茴香一样,种子磨碎了有香气,在最早的用途中是一种香辛料。在德国和瑞士发现了距今3 000 ~ 5 000年的人类居住的地上,有用野胡萝卜的种子磨成粉的痕迹。

大概公元10世纪,在阿富汗一带,野生胡萝卜被驯化成一种蔬菜胡萝卜。之后,被驯化的胡萝卜开始周游世界,10世纪时从伊朗传入欧洲大陆,在栽培演变中,紫色胡萝卜逐渐演变为短圆锥形的、橘黄色的欧洲胡萝卜。到了中国后,很快又入乡随俗,渐渐变成现在的长根形的中国胡萝卜。

胡萝卜到底是啥时候不远万里来到中国的,有不少考证版本。大多数人认为是元朝时传入的,这在李时珍的《本草纲目·菜部》第二十六卷中有记载,"元时始自胡地来,气味微似萝卜,故名。"看样子胡萝卜就是元朝时从西域传过来的。但是,少部分人对这种看法有不同意见,在南宋的官方药书《大观本草》新修订的版本中记载着新增了6味药,胡萝卜赫然在列,说明宋代人当时已经能吃到地道的胡萝卜了[①]。

还有一种说法,说是要感谢张骞,说假如不是张骞历尽千辛万苦出使西域,大家怎么能享受到这么美味的东西呢?可是,司马迁在《史记》中只记载了张骞从西域带回了苜蓿、葡萄种子,并没说胡萝卜。所以,胡萝卜是不是张骞当时从西域带回来的,还不能完全下结论。

除了胡萝卜外,我国还有不少其他"胡"姓的蔬菜。汉代的张骞出使一趟西域,带回来大量的蔬菜和调味品,而这些蔬菜的名字中都带有"胡"字。

比如说现在很常见的用作调味的蔬菜——香菜,有的地方称它为"芫荽(yán sui)",芫荽是它的学名,它还有一个别称是胡荽。由名字可知,这也是早期从西域传入我国的。

还有大家常用的调味品胡椒,它原产印度、东南亚,其传入中国的具体时间已不可考。胡椒在中国古代属于奢侈品。宋元时期,胡椒依赖于进口,价格昂贵,专属于上层社会使用。元代马可·波罗游记中记载杭州每日所食胡椒44担,每担价值223磅[②]。

带有"胡"字的蔬菜还有胡瓜,也就是黄瓜,后赵王朝的建立者石勒将胡瓜改名为"黄瓜",因为石勒原本是羯族人,被汉人称之为"胡人",改名为黄瓜是为了避讳"胡"字。

此外,蚕豆,又称胡豆,产自地中海沿岸。蒜,曾用名是"胡蒜"。这些蔬菜虽然现在已经没有了"胡"姓,但这些"曾用名"也说明了它们的来源。

①郭志英.胡萝卜是何时传入中国的 [J] .乡音,2016(10):47.
②磅为非法定计量单位,1磅≈453.592克。——编者注

海上丝路引进冠以"番"或"洋"

明清时期，许多蔬菜都由"番舶"带入，因此它们的"姓氏"都是"番"，如番茄、番薯、番椒等，水果中的番木瓜、番石榴、番荔枝等也是这个时期进入我国的。番，即当时所指的番邦、西番，这一阶段的物产多通过海上来。

一个常见的"番"姓蔬菜是"番薯"，番薯这种农作物的名字可不少，甘薯、红薯、地瓜、白薯、红苕、山芋、甜薯等，在我国广东地区，人们都会称它为"番薯"。

番薯原产南美洲及大、小安的列斯群岛，甘薯传入中国也是明朝万历年间(16世纪末)，首先传入了福建和广东。据清《金薯传习录》记载，万历二十一年(1593)福建长乐华侨陈振龙在吕宋（现称菲律宾）经商，发现甘薯好种又好吃，拟将甘薯带回国内种植，却受当时统治吕宋的西班牙人所禁止，因此陈振龙想办法将番薯藤"走私"进来，走海路历经7天7夜艰难航行后抵达福州，精心呵护，试种成功。翌年，闽省旱饥，陈振龙之子陈经纶向巡抚金学曾递禀，述说甘薯"六益八利"功同五谷等好处，巡抚下令种植甘薯，获得丰收，进行推广，荒年救了许多人。

"洋"字头的蔬菜中，洋葱是20世纪初传入我国的，主要在北方种植。有关洋葱的原产地说法很多，但多数认为洋葱产于伊朗、阿富汗的高原地区可能性较大，因为在这些地区至今还能找到洋葱的野生类型。

"洋芋"就是我们常吃的土豆，学名马铃薯，西南地区人民喜欢称它为洋芋。土豆原产于南美洲安第斯山区，人工栽培历史最早可追溯到大约公元前8 000年至公元前5 000年的秘鲁南部地区。17世纪时，土豆已经成为欧洲的重要粮食作物并且已经传播到中国。清代中叶后，中国人口骤增，人民对粮食的需求也与日俱增。面临巨大的人口压力与粮食危机，人们开始寻求水稻、小麦等传统作物的替代品，来自美洲大陆的马铃薯便被纳入种植范围。在这样的社会背景下，马铃薯在中国迎来了第一个种植高峰。

辣椒的前世今生

　　人间烟火味，最抚凡人心。辣椒，可谓人间烟火食物的代表。辣椒，几乎可以和所有的食材搭配，伴随着中国城市化进程以及饮食商品化的步伐，辣，以最有穿透力的味道贯穿城市与乡村，改写着中国美食江湖的版图，正演变成一种国民口味。在一蔬一饭的平凡生活中，它已深深走进了人们的日常。那么，你了解它的前世今生吗？

辣椒：昔日"观赏植物"　今天辣遍中国

　　"四川人不怕辣，江西人辣不怕，湖南人怕不辣"，感觉在中国，辣椒的"红火"已有漫长历史，其实，辣椒在中国的历史很短，就在400多年前，中国人还不知辣椒为何物；明朝之前没有国人见过辣椒，更别说敢"不怕辣"了。对于今天无辣不欢的朋友来说，辣椒的身世真应该了解一下。

　　辣椒的起源在学术界有些争论，主流观点认为辣椒属的近30种植物原产于美洲热带地区，且是在墨西哥的东南部首先开始人工种植的。距今9 000年前，美洲土著已开始食用野生辣椒了。五六千年前，从墨西哥到秘鲁，古代印第安人先后在不同地域驯化栽培这种神奇的植物。直至1492年，哥伦布发现了新大陆，并把辣椒带回西班牙以后，地中海地区才开始种植辣椒。随着航路，辣椒走进了欧洲、非洲、印度。1578年，西班牙国王允许秘鲁、墨西哥、危地马拉等地的商人从事横渡太平洋的贸易，并以吕宋为落脚地。吕宋是华人海外经商的地方，也是大帆船贸易的中继站。而葡萄牙商人在明代正德年间（1506—1521年），才取得在福建泉州、浙江宁波经营贸易的权利。就这样，到明朝末年，辣椒才传入中国的浙江、台湾、辽宁等地。

　　辣椒，有着番椒、秦椒、海椒、地胡椒和海茄等诸多别名，昭示着它的"舶来"身份，而且最初在中国被当作观赏植物。中国史籍对辣椒的最早记载，是明代万历十九年浙江高镰所著的《遵生八笺》，书中提到："番椒，丛生，白花，子俨秃笔头，味辣，色红，甚可观"。汤显祖所作《牡丹亭》第二十三幕列有38种花色，包括丁香、石榴、绣球、芍药、蜡梅、蔷薇、紫薇、海棠，辣椒花也名列其中。清康熙年间的《花镜》是一本园艺学著作，其记录"初绿后朱红，悬挂可观"也透漏了一个重要的信息，今天辣遍中国的辣椒，直到康熙年间的主要身份，仍是一种观赏植物。

从观赏植物变为调味品　击败中国千年辣味霸主

　　清朝前期辣椒开始从观赏花卉转变为调味品，并逐渐取代了在中国权倾天下的辣中霸主——花椒。中国是花椒的发源地，早在2 500年前《诗经》中就有"有椒其馨，胡考之宁"。《山海经》《农政全书》中记载中国各地都曾大量种植花椒。历史地理学者蓝勇对历代菜谱做的研究统计表明，唐代菜谱中花椒的使用比例很高，达近四成的菜肴中都有它的身影，可从清代开始，花椒的食用范围被在挤缩西南一隅（花椒的故乡之一四川盆地内），而唐诗"菊花辟恶酒，汤饼茱萸香"中描述的茱萸则几乎完全退出中国饮食辛香用料的舞台。

明清以来近万册地方志，记载了辣椒在中国由星火燎原至所向披靡的历程。关于辣椒最早从哪里"登陆"中国，学术界也有不同意见，按主流观点，辣椒最早在浙江及其附近沿海"登陆"。

在清康熙时期，康熙十年（1671年）浙江《山阴县志》记载："辣茄，红色，状如菱，可以代椒。"（"辣茄"是清代浙江人对辣椒的俗称，因辣椒本属茄科，其叶与茄相似，二者果实都光滑纯色，而且内有籽实。）贵州田雯《黔书》卷上称："当其匮也，代之以狗椒。椒之性辛，辛以代咸，只逛夫舌耳，非正味也。"（狗椒即辣椒，可代替匮乏的盐）；在中国北方，《山阳县初志》记载："番椒，结角似牛角，生青熟赤，子白，味极辣。"表明，辣椒当时在南方、北方一些地区渐渐成为餐桌上的调味品。

雍正时期，《广西通志》："每食烂饭，辣椒为盐。"乾隆时期，云南的《广西府志》以及《台湾府志》等众多省份首次对辣椒有所记载。嘉庆以后，吴其濬《植物名实图考》卷六称："辣椒处处有之，江西、湖南、黔、蜀种以为蔬。"[①] 说明嘉庆年间，辣椒就已经普遍种植于江西、湖南、贵州、四川等地了。到了道光年间，《遵义府志》中已是"居人顿顿之食每物必蕃椒，贫者食无他蔬菜，碟蕃椒呼呼而饱。园蔬要品，每味不离，盐酒渍之，可食终岁"。

清末《蜀游闻见录》："惟川人食椒，须择其极辣者，且每饭每菜，非辣不可。""似滇人食椒之量，不弱于川人也。"的记载表明，与"每饭每菜非辣不可"的四川地区相比，云南地区也是毫不逊色。清末徐珂《清稗类钞》中有："滇、黔、湘、蜀人嗜辛辣品。"以上记载表明，清朝时期，"辣椒版图"由最初的浙江、辽宁，不断扩张，直至华东、华中、华南、西南、华北、东北、西北辣椒栽培区域连成一片，正如清吴其濬在《植物名实图考》中所记载的"辣椒处处有之"。

从历史视角来看，在清朝，辣椒之所以开启了国民"无辣不欢"的模式与中国历史以及中国农业结构发生重大变化不无关系。历经战乱，中国人口在乾嘉时期开始了爆炸式增长，辣椒的传播路线，和马铃薯、玉米、番薯的传播路线有相当程度的重合。如果说富含淀粉的高产作物满足了国人果腹之需的话，那么辣椒则是平民平淡甚至苦涩生活的"调味品"，起初，辣椒被贫民当成盐的替代品，用来调剂寡淡的口味；随着人口的流动，饮食习俗的交融，辣椒被越来越多的人食用，并渐渐被赋予了红火、丰收、喜庆、热烈等文化内涵。

---

①吴其濬.植物名实图考（花草类考）［M］.北京：中华书局，1963.

辣椒成为我国最大的蔬菜产业

辣椒用了将近400年时间，征服了地球上人口最多的国家。据研究，近年来，中国人嗜辣程度日益走高，今天的中国，是一个不折不扣的辣椒大国，消费量和产量都位居世界第一。播种面积约占世界辣椒播种面积的40%。根据国家特色蔬菜产业技术体系统计数据，2018年我国辣椒播种面积达3 200万亩，在蔬菜作物中位居第一；辣椒为我国蔬菜产业中第一大产业，年产值约2 500亿元。[①]

辣椒之所以成为我国最大的蔬菜产业，与辣椒品种的可改造性、多样性和适应性分不开的。辣椒产量大，对土壤、日照的要求不高，对各种环境适应能力强。那么，小小辣椒，又是如何征服了亿万国人挑剔的舌？除了辣椒的口感丰富，制作和保存简便之外，科学家从另外的角度揭示了辣椒走红的秘密：辣其实不是味觉，而是一种痛觉！辣椒所含的辣椒素，会刺激口舌表皮的神经受体产生类似接触43℃以上高温物体入口后才会有的灼痛感，这反而是它的魅力所在。辣椒素也能刺激体内生热系统，加快人体的新陈代谢，消耗更多卡路里，从而让人吃更多的食物，这就是它"开胃"的秘密。而且"灼痛感"传导到大脑，会误导大脑错误地认为"受伤了"。为了安慰"受伤的"身体，神经元会释放出一种叫内啡肽的物质，而这种物质很大程度上会给人带来愉悦。

如何评判一种辣椒有多辣？1912年，美国化学家韦伯·斯科维尔发明了一种评定辣度的测定法，即斯科维尔感官评定法。具体方法是在装辣椒的容量瓶中加入乙醇提取辣椒素，然后取一定体积的提取液，以蔗糖溶液稀释。当稀释到所有品尝者都尝不出一点辣味时，这个最大稀释度就是辣椒的斯科维尔辣度单位（SHU）。那么，哪些辣椒很辣呢？卡罗来纳死神辣椒，美国农夫艾德·卡瑞花费了10年时间，培育出了"武器品质辣椒"——卡罗莱纳死神是世界上最辣的辣椒之一。特立尼达蝎子辣椒，最初是在悉尼以北的小镇培植成熟，据说5个特立尼达蝎子辣椒就可以辣死一头牛。而断魂椒，则产于印度东北部阿萨姆邦附近，这里不仅以产茶闻名，还有一项特产就是"鬼椒"，又名断魂椒，从这个名字，就可以看出这种辣椒的危险程度。从毫无辣味的甜椒，到被称为魔鬼、死神的世界顶级辣椒，这个热辣的家族真是令人惊叹。

---

①王立浩，马艳春，张宝玺.我国辣椒品种市场需求与育种趋势［J］.中国蔬菜，2019（8）：1-4.

中国六大辣椒主产区 总有一款适合你

我国辣椒种植范围广，品种类型多，主产区主要有6个。

一是南方冬季辣椒北运主产区，包括海南、广东、广西、福建、云南等省份，主要生产线椒、羊角椒、牛角椒、灯笼形甜椒、泡椒、圆锥形甜椒等。

二是露地夏秋辣椒主产区，包括北京、山西、内蒙古及东北地区等地，主要生产牛角椒、扁或方灯笼椒、干椒、彩椒、厚皮甜椒、金塔类型干椒等。

三是高海拔、夏延时辣椒主产区，包括甘肃、新疆、山西、湖北长阳等地，生产线椒、牛角椒、长和扁或方灯笼椒、干椒等。

四是小辣椒、高辣度辣椒主产区，包括四川的宜宾和南充、重庆的石柱、湖南的攸县和宝庆、贵州遵义、大方、花溪以及湖北的宜昌等地，生产朝天椒、线椒、干椒、羊角椒等。

五是北方保护地主产区，包括山东、辽宁等地，生产牛角椒、羊角椒、早熟扁或方灯笼椒、早熟甜椒等。

六是华中主产区，包括河南、安徽、陕西以及河北南部，主要生产朝天椒、线椒、牛角椒、羊角椒、长和扁或方灯笼椒等。[①]

从品种来说，有朝天椒、灯笼椒、小米椒、牛角椒、羊角椒、线椒等，基本上涵盖了全部知名"品牌"。就果形来说，灯笼形、角形、锥形、指形，"形形"皆有；从大小来说，有单果重为200克的灯笼辣，也有仅重0.1克的小米辣；从颜色来说，覆盖红、橙、青、黄、紫、黑多个色系。这种神奇的蔬菜，演绎出众多的门派，百种辣味，总有一款适合你。

①耿三省，陈斌，张晓芬，等.我国辣椒育种动态及市场品种分布概况 [J] .辣椒杂志（季刊），2011（3）：1-4.

辣椒部分品种组图

番茄的传奇历程

　　酸甜可口、浆汁四溢、浓郁香味的番茄，轻轻咬开的瞬间，那直触心田的清香是无数人的最爱。番茄，以其靓丽的外表、可口的味道、丰富的营养，集蔬菜、水果、调料功能为一体，成为国人美食版图的重磅成员。曾经，番茄只是一种生长在南美洲高原地区无人问津的小野果，历经世纪辗转，到今天成为遍布五湖四海的万能食材。它有着怎样的传奇历程呢？下面让我们来看一看吧！

番茄旧事：是"毒药"还是"爱情果"

番茄，起初，它只是生长在南美洲西部太平洋沿岸安第斯山脉的秘鲁、厄瓜多尔、玻利维亚、智利等国高原或谷地里的一种野生浆果，色彩娇艳，学名叫醋栗番茄。当地人曾误以为它有毒，吃了会长出狼一样的头，是一种非常可怕的野果，称之为"狼桃"。

关于番茄有毒的骇人传闻流传着很多版本。比如"杀死"欧洲贵族的番茄。有记载，欧洲贵族食用番茄后出现中毒症状，然后就去世了。其实真正的罪魁祸首是含铅的金属果盘，他们实际上死于铅中毒，却令番茄背上毒果的恶名。这种"毒果"是如此令人恐惧，以至于当有一个叫约翰逊的美国人宣布以身试吃一整个番茄时，听闻这条惊世骇俗的消息，有人当场晕倒，有些人则感到非常恐惧，因为当时的人们认为吃上一口"毒果"就会口吐白沫，全身痉挛倒地身亡，更别说吃一整个了。

因为人们觉得番茄有毒，很长一段时间内，番茄都作为一种观赏植物被种植。据记载，16世纪，英国有位名叫俄罗达拉的公爵在南美洲旅游发现了番茄，非常喜爱，如获至宝一般将之带回英国，作为爱的礼物献给情人伊丽莎白女王以示爱意，女王大为欢心，御赐"爱情果"之佳名。从此，番茄便成了欧洲贵族的私家花园里的常客，欧洲贵族们打着阳伞，在花园里漫步，欣赏番茄开花结果的过程，但仅把它当成观赏植物和爱情的礼物，绝不可能咬上一口。

小番茄

后来，有一位法国画家曾多次描绘番茄，面对番茄这样美丽可爱而"有毒"的果子，实在抵挡不住它的诱惑，于是产生了亲口尝一尝它是什么味道的念头。他冒着"生命危险"吃了一个，觉得甜甜的、酸酸的、酸中又有甜。然后，躺到床上等死。他居然没事。于是，"番茄无毒可以吃"的消息迅速传开，人类食物谱系上才又增添了一个惊艳的新品种。

与"上帝"一起来到中国

番茄最早在墨西哥驯化栽培。最初，印第安人将番茄传到美洲的墨西哥，在土地肥沃、温暖湿润的墨西哥湾的土壤气候条件下，番茄经过自然演变和人工选择后，产生了丰富多彩的变异。一般认为，半栽培型亚种的樱桃番茄变种是当今栽培番茄的祖先。

西班牙人赫南·科特斯于1532年征服墨西哥之后将番茄带回国，西班牙人开始种植番茄。随后，地中海沿岸的意大利、葡萄牙、英国、法国等国也陆续开始种植番茄。据资料记载，番茄在传入欧洲100年左右后，有葡萄牙人将其带至东南亚，在当时葡属殖民地爪哇岛栽植食用，然后由那里向四周辐射，这是关于番茄传入亚洲的最早记载。

俄国很晚才开始种植番茄。番茄由西欧传到俄国已是18世纪后期，1783年，沙皇俄国的克里米亚最初知道了番茄，之后，番茄传到乌克兰南部及俄罗斯各地。

彩色樱桃番茄

美国虽然是番茄故乡墨西哥的近邻，但直到1847年，番茄才开始在宾夕法尼亚作为商品种植销售。不过，番茄在美国的发展却很快，自20世纪30年代以来，美国不论在新品种选育还是番茄的遗传、生理等基础理论研究方面，均居世界领先地位。

番茄传到中国是在明朝万历年间，西洋传教士把上帝带到中国的同时，也把番茄一起带到了中国。在清代初期王象晋所著的《广群芳谱》中即有"火伞火球""最堪观"的关于番柿的记载，说明当时番茄已传入中国，不过当时仅作为观赏植物，至清光绪年间，清农事试验场开始尝试种植番茄。直到20世纪30年代，番茄在中国才开始被作为蔬菜栽培。著名园艺学家吴耕民1936年所著的《蔬菜园艺学》中提到，"西红柿入我国也，当近在数十年内，至今尚未盛行栽培，仅大都会附近有之。"

中国是世界第一大番茄生产国

新中国成立后，番茄开始大面积种植。番茄是世界年总产量最高的30种农作物之一，产量远远高于其他蔬菜，作为一种经济作物，种植效益可观；加之其拥有适应性强、栽培方式多样、营养丰富、风味独特、用途广泛等众多优点，所以在中国发展很快，迅速成为各地的主要蔬菜作物之一。短短几十年时间，中国已成为世界第一大番茄生产国。

北京小汤山番茄工厂化种植

"中国是世界第一大番茄生产国。"中国园艺学会番茄分会秘书长、中国农业科学院蔬菜花卉研究所研究员王孝宣在《中国番茄产业发展与育种进展》报告中指出，2016年全球番茄总产值约为654亿美元，我国约占1/3。番茄是我国种植面积排名第四的蔬菜品种，仅次于辣椒、大白菜和普通白菜。

随着设施农业的迅猛发展和设施栽培在中国的普及，番茄已实现周年生产，可全年供应。科技进步日新月异，物联网技术的发展，无土栽培技术的应用，机械化生产管理，自动化运输分拣，高科技智能温室，现代化智能温室的科学管理，助力番茄实现工厂化种植，每平方米产量在50～80千克。而番茄熊蜂授粉技术的示范推广、科学及时的田间管理等关键技术，使番茄的品质得到了很好的保障，让百姓吃得放心，吃得更好。

番茄品种花样繁多

如今，番茄种植技术越来越成熟，品种也一代代更新，国内栽培的番茄品种很多，经分类学家归类，有普通番茄、大叶番茄、樱桃番茄、直立番茄、梨形番茄。从果型上分有大果型、中果型、樱桃番茄等类型。番茄果实形状有扁柿形、桃形、苹果形、牛心形、李形、梨形、樱桃形等，果实的外观颜色由果实表皮颜色与果肉的颜色相衬而成，有红色、粉红色、黄色、橙黄色、淡黄色、绿色、紫色、黑色等，还有各种花纹相间的花色。百蔬园"番茄荟萃"的展示墙展示了不同品种的特色番茄，包括粉红太郎3号、原味1号、金曼、千禧、彩玉3号、绿宝石、红洋梨、黑珍珠等20多个品种。

百蔬园里的番茄墙

　　品种花样繁多的番茄极大丰富了百姓的餐桌。番茄成了一年四季皆受欢迎不可或缺的主打果菜。果肉多汁，风味浓郁，甜酸可口的番茄可凉拌，可炒食，又可作汤，更可加工制成酱、汁、沙司。番茄果实中含有极丰富的营养，其干物质含量为4.3%～7.7%，其中，糖分含量为1.8%～5.0%，柠檬酸含量为0.15%～0.75%，蛋白质含量为0.7%～1.3%，纤维素含量为0.6%～1.6%，矿物质含量为0.5%～0.8%，果胶物质含量为1.3%～2.5%。其营养成分中比较突出的是胡萝卜素和番茄红素，它们具有较强的抗氧化和增强免疫力的作用，可以保护细胞对抗氧化损伤，从而降低慢性疾病发生的风险；柠檬酸有助于消化，调整胃肠功能，促进食欲的功效；富含多种维生素和矿物质，一个成年人只要每天食用100～150克新鲜番茄，就能满足维生素和矿物质的需要。

中国蔬食朝代史

中国种植作物历史悠久，蔬菜在中国人的饮食结构中起着举足轻重的地位。中国古人将植物性食物统称为"谷"，谷的种类很多，故有"百谷"之称。在百谷之下，又分为谷、蔬、果三属。

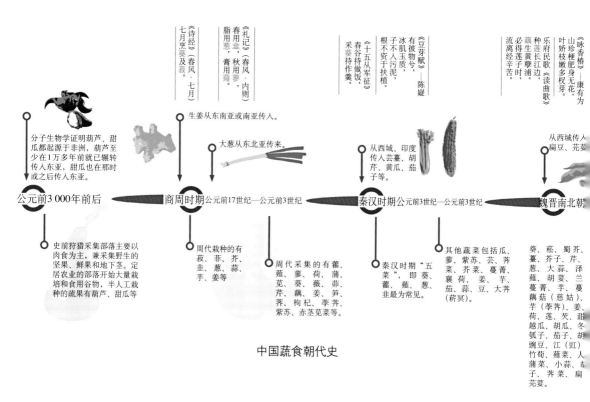

《诗经》（春风·七月）：七月烹葵及菽。

《礼记》（春风·内则）：春用韭，秋用蓼，脂用葱，膏用薤。

《豆芽赋》——陈嶷：有彼物兮，冰肌玉质，子不入污泥，根不资于扶植。

《十五从军征》：春谷持做饭，采葵持作羹。

《咏香椿》——康有为：山珍梗肥身无花，叶娇枝嫩多权芽。

乐府民歌《读曲歌》：种莲长江边，藕生黄蘗浦，必得莲子时，流离经辛苦。

公元前3 000年前后
- 分子生物学证明葫芦、甜瓜都起源于非洲，葫芦至少在1万多年前就已辗转传入东亚，甜瓜也在那时或之后传入东亚。
- 史前狩猎采集部落主要以肉食为主，兼采集野生的坚果、鲜果和地下茎。定居农业的部落开始大量栽培和食用谷物，半人工栽种的果蔬有葫芦、甜瓜等

商周时期公元前17世纪—公元前3世纪
- 生姜从东南亚或南亚传入。
- 大葱从东北亚传来。
- 周代栽种的有菽、韭、芥、韭、葱、蒜、芋、姜等
- 周代采集的有蘦、蘘、蓼、荷、蒲、苋、葵、薇、茆、芹、藕、姜、笋、莼、枸杞、荸荠、紫苏、赤茎苋菜等。

秦汉时期公元前3世纪—公元前3世纪
- 从西域、印度传入芸薹、胡荽、黄瓜、茄子等。
- 秦汉时期"五菜"，即葵、藿、薤、葱、韭最为常见。
- 其他蔬菜包括瓜、蓼、紫苏、芸、荠菜、芥菜、蔓菁、襄荷、姜、芋、茄、蒜、豆、大荠（荞冥）。

魏晋南北朝
- 从西域传入扁豆、芫荽
- 葵、菰、蜀芥、蘘、芥子、芹、葱、大蒜、泽蒜、蘸、胡葵、兰蔓菁、芋、蔓藕菇（慈姑）、芋（李荠）、姜、荷、莲、芡、甜越瓜、胡瓜、冬瓠子、茄子、胡豌豆、江（豇）竹笋、薤菜、人蒲菜、小蒜、古子、荠菜、扁芫荽。

中国蔬食朝代史

蔬菜的种类更是丰富多样，故有"百蔬"之称。那么，数千年来，国人对蔬菜的采集、种植、食用方式都有什么变化呢？下面，我们以蔬菜博物馆展图为脉络进行梳理与延展。

秋日阮隐居致薤三十束。
盈筐承露薤，不待致书求。

《园人送瓜》——杜甫
江间虽炎瘴，瓜熟亦不早。

《送范德孺》——苏轼
渐觉东风料峭寒，青蒿黄韭试春盘。

《新蔬》——陆游
黄瓜翠苣最相宜，上市登盘四月宜。

《忆江南》——沈朝初
苏州好，香笋出阳山。纤手剥来浑似玉，银刀劈处气如兰。

种怀香——刘基
怀香体虚柔，本自南土出。

从西域传入莴苣、莙荙（甜菜变种），唐代从尼泊尔传入菠菜、酢菜（可能指榨菜或莴苣变种）。浑提葱（可能是洋葱）。

从印度传入刀豆等。从新罗传入圆茄子。

从印度和东南亚传入丝瓜、蚕豆，从西域传入胡萝卜。

从美洲传入：辣椒、番茄、南瓜、佛手瓜、菜豆、马铃薯。

从欧亚大陆传入：甘蓝、洋葱、根甜菜。清末传入洋蓟、芦笋、黄秋葵等。

—公元6世纪

隋唐时期 公元6世纪—公元10世纪

宋元时期 公元10世纪—公元14世纪

明清时期 公元14世纪—公元20世纪

葵、薤、蜀芥、芸薹、芥子、芹、韭、葱、大蒜、泽蒜、薤、胡荽、兰香、蔓菁、芋、蔓芋、藕菇（慈姑）、乌芋（荸荠）、姜、襄荷、莲、芡、越瓜、胡瓜、冬瓜、瓠子、茄子、胡豆、豌豆、江（豇）豆、竹笋、蕹菜、人苋、蒲菜、小蒜、胡葱子、荠菜。

叶菜类：蘘心、矮菜、矮黄、大白头、小白头、夏菘、乌菘、黄芽、芥菜、生菜、莴苣、苦菜、葵菜、蓝菜（甘蓝）、茼蒿、苜蓿、芫荽、兰香、紫苏、薄荷、襄荷、苋、水芹、甜菜、荠菜、蕨菜等。
根茎类：蔓菁、萝卜、胡萝卜、牛蒡、芋、姜、藕、茭白、荸荠、薯蓣、姜、甘露、葛等。
葱蒜类：葱、韭、大蒜、小蒜等。
瓜果类：瓠子、葫芦、甜瓜、冬瓜、黄瓜、丝瓜、西瓜、水茄、胡豆、刀豆等。
芽菜类：绿豆芽、小豆芽、兰芽等。
食用菌：香菇、木耳等。

包括了现在中国人食用的大部分种类的蔬菜。

秦汉时期：种植蔬菜出现 腌菜登场

前文已从《诗经》中探究过春秋战国时期的蔬菜，其中大部分是野菜。春秋战国时期（前770—前221年），农业生产中已采用铁制农具并使用牛耕，生产力大幅度提高，农田迅速扩大，私有田出现，城市兴起，随之有了手工业和农业的分工。为了满足人们对蔬菜的需要，城郊出现了专门种植蔬菜的菜圃，商品蔬菜生产成为农业生产中不可缺少的部分。

到了秦汉时期，农业和手工业进一步发展，大城市相继出现，更促进了城郊的商品菜生产。司马迁在《史记·货殖列传》中就记述了大面积种植姜、韭菜的情景。

秦汉时期，"五菜"即葵、藿、薤（xiè）、葱、韭最为常见，并从西域、印度传入了芸薹、胡芹、黄瓜、茄子等。值得一提的是，先秦时期已有腌菜。入冬以后，万物凋敝，蔬菜自然也不例外，古人想要延长蔬菜保质期，防止提早腐烂，于是就有了"腌菜"。先秦人称腌菜为"菹（zū）"。何谓"菹"？东汉刘熙《释名·释饮食》称："菹，阻也，生酿之，遂使阻于寒温之间，不得烂也。"现在所谓的"老坛酸菜""韩国泡菜"，其实在秦汉时期就有原型。

前文已经提到，现在一些十分常见的蔬菜例如土豆、番茄、辣椒、南瓜、茴香、甘蓝、茄子、黄瓜、大蒜和胡萝卜等，都不是中国土生土长的，而是经过长途跋涉，从外部慢慢来到中国的。汉代开辟的"丝绸之路"沟通了与中亚、西亚各国的商业渠道。据资料记载，汉朝先后从国外引入了黄瓜、蚕豆、豌豆、大蒜、芫荽、苜蓿等蔬菜，其后经过驯化、培育，在全国各地开始栽培。

西汉后期（公元前1世纪），蔬菜栽培技术不再局限于简单的种植，开始有了嫁接、摘心等植株调整技术。在我国干旱地区，开始采用集中人力物力，精耕细作，以获得甜瓜、瓠、芋等蔬菜高产的栽培方法。

魏晋南北朝：栽培技术成熟 窖藏菜出现

北魏时期（386—534年）栽培技术有了新的突破，从选地、耕作、浸种、催芽、播种、育苗、畦栽、施肥、灌溉、中耕、整枝到收获、选种、留种，已形成了一整套精耕细作的菜田管理技术，当时还有菜畦盖草防寒的地面覆盖栽培技术。

魏晋南北朝时期，黄河中下游在前一时期栽培蔬菜的基础上又增加了越瓜、胡瓜(黄瓜)、芦菔(萝卜)、菘(白菜)、芸薹、胡荽(芫荽)、兰香(罗勒)、芹、堇、胡葸(苍耳)、芡、蓴(莼菜)。长江下游太湖地区增加的有苋和茭白。西北一带则有蓝菜(甘蓝的原生种)。这一时期新增加的一些蔬菜，如兰香、胡葸、蓴等，以后并未得到发展，有的种类甚至不久就退出了菜圃。

"种莲长江边，藕生黄蘗浦"就描写了当时种植莲藕的情景。此外，在南北朝时就出现了"窖藏菜"。古人冬日吃窖藏菜的文字记载最早见于南北朝时北魏农学家贾思勰的《齐民要术》，书中称用于贮藏菜蔬瓜果的地窖为"荫坑"，其"藏生菜法"为："九月、十月中，于墙南日阳中掘作坑，深四五尺。取杂菜，种别布之，一行菜，一行土，厚覆之，得经冬。须即取，粲然与夏菜不殊。"

隋唐时期：人工栽培蘑菇 十三大类蔬菜都有种

隋唐时期，常见的蔬菜品种其实变化不大，史籍记载的栽培蔬菜中，新增了茼蒿、菾菜(甜菜)、茴香、莴苣、菠菜、百合、枸杞、薯蓣(山药)、构菌(蛋黄菇)、术、黄精、决明、牛膝、牛蒡、西瓜等。从西域传入莴苣、莙(jūn)达(甜菜变种)，唐代从尼泊尔传入菠菜、酢(zuò)菜(可能指榨菜或莴苣变种)、浑提葱(可能是洋葱)，从印度传入刀豆等，从朝鲜半岛传入圆茄子。杜甫笔下"苦苣刺如针，马齿叶亦繁"就描写了莴苣的生长形态。另外，竹笋是先秦时期的蔬菜，五代后期，食用的竹笋种类已相当多，并已掌握了采收鞭笋的方法，反映出这一时期竹笋的栽培已相当普遍。

按照现代农业生物学分类法，把蔬菜分为瓜类、绿叶类、茄果类、白菜类、块茎类、真根类、葱蒜类、甘蓝类、豆荚类、多年生菜类、水生菜类、菌类、其他类，共13大类。据统计，隋唐时期这13大类蔬菜都已有栽培，总数在50余种。不过，各大类所包括的具体蔬菜种类与现在的不尽相同。即使相同，其在栽培蔬菜中的重要性与现在的也有出入。

在农业栽培技术方面，唐代利用温暖热源在早春栽培瓜类等喜温蔬菜，并开始人工栽培食用菌。同时，人们也开始着手探索延长萝卜供应期的栽培方法。

宋元时期：蔬菜可周年生产 "黄化"蔬菜出现

宋元时期，芥蓝、丝瓜、胡萝卜、豆芽菜、荸荠、慈姑、甘露子(草石蚕)、蒟蒻(魔芋)、蒲(香蒲)、香菇、香芋(菜用土栾儿)是这一时期新增的栽培蔬菜。这一时期的特点是，在各种蔬菜的类型与品种培育方面有显著成就，其中较突出的是白菜、萝卜与莴苣。直到这一时期为止，栽培的白菜都是不结球的。

这一时期的蔬菜品种逐渐丰富，可以分为叶菜、根茎、葱蒜、瓜果、芽菜、食用菌几大类。"蔓菁宿根已生叶，韭芽戴土拳如蕨""又似瑶池乐棚下，鬼工遗落水晶藤""豆荚圆且小，槐芽细而丰"，宋元时期对蔬菜的描述也更加丰富多彩。

北宋时期，"黄化"蔬菜开始流行。所谓"黄化蔬菜"，就是让蔬菜在生长过程中无法进行光合作用，不再产生叶绿素，蔬菜发黄，大家熟悉的培育韭黄技术就是一种黄化蔬菜。通过黄化手段产出的蔬菜更柔嫩、纤维减少，既补充了冬季蔬菜品种不足，又满足了口味需求。"黄化"豆芽菜的培育技术也于南宋后期出现。

同时，一些蔬菜经长期培育和选择，形成了不少变种和品种，可以在不同季节或不同生长条件下栽培，促进了蔬菜的周年生产，例如耐寒性较强的塌地菘，较耐热的夏菘，以及既可以做食用蔬菜又可以榨油用的菜薹。因此，在长江下游太湖地区，不结球白菜成了可以周年供应的最常见叶菜。但在黄河中下游等其他地区，葵仍然是最常食用的叶菜，被人们誉为"百菜之主"。莴苣在隋唐时期引入后，经过几百年的培育，到元代形成了中国特有的茎用莴苣变种——莴笋。

这一时期还培育出了春种夏收、初夏种仲夏收的水萝卜，在长江以南地区广为栽培，但在北方，依然以栽培芜菁为主。

明清时期：大白菜培育成功 反季节蔬菜出现

明清时期的商业城市进一步发展，对外交往日益增多，这一时期新增加的栽培蔬菜大部分都是从国外引种的，如番茄、辣椒、南瓜、西葫芦、笋瓜、菜豆、马铃薯、甘蓝、甘薯、洋葱等蔬菜相继从海路和陆路引入，这时已经出现了现在中国人食用的大部分种类的蔬菜，主要栽培的蔬菜中只有少数几种是中国原产的，如豆薯、金针菜等。

这一时期，我国培育了茎芥菜、紫菜薹、大白菜等很多变种。球茎甘蓝是15世纪时开始见诸典籍记载的。其后迅速成为我国西北一带较主要的栽培蔬菜。南北朝时，曾是西北一带最为常食的"蓝菜"，直到元代，仍然是陕西的"主园菜"，及至球茎甘蓝出现后却销声匿迹。清代纂修的极个别的地方志中虽著录有"蓝菜"这个名称，实际是指球茎甘蓝。因此，推测球茎甘蓝可能是明代初叶，从南北朝以前即已引种至中国西北一带栽培的甘蓝的原生种——蓝菜培育成的。

15—16世纪，大白菜（结球白菜）在太湖地区培育成功，这是我国蔬菜栽培史上的一个重大成就，当时还一并培育了许多新品种，从而形成了一些不同类型的集中产区，如华南的菜心，江淮地区的乌菜等。正因当时大白菜的发展，为后来大白菜成为中国北方秋季生产和冬季供应的最主要蔬菜奠定了基础。

在这一时期可以提到的关键词是"反季节蔬菜"。其实，反季节蔬菜早在秦汉时期就已出现，到了明朝更为流行，基本上是使用火室或火炕来生产反季节蔬菜。所谓"火室"就是现在常见的温室大棚，如过去北方睡的炕一样，在室内筑炕烧火，增加菜棚温度。到了清朝，温室蔬菜再度升级，温室从窖坑中发展到地面上，俗称"花洞子"，蔬菜则称"洞子货"。

这一时期传统的腌渍和干制菜发展也很快，其中盐渍菜成为中国最多的加工蔬菜之一。比如，四川涪陵榨菜制造成功，也是一种"反季节"。干制菜产品也日益增多，如玉兰片、木耳、干辣椒、萝卜干等。

蔬菜仙子养成记

从历史回到现实，再来看看百蔬园的蔬菜是怎么生活的。天刚蒙蒙亮，如同仙子般的蔬菜就已容光焕发，露着润泽的笑脸儿等着游客的到来了。无论天气大好还是刮风下雨，世园会期间，百蔬园里的蔬菜仙子们天天如此"敬业"。那么，仙子们是怎样来到百蔬园的？每天吃什么？喝什么？那动人的容颜、窈窕的身姿是如何保养的？游客们看不到的地方，又发生了哪些不为人知的成长故事？敲敲小黑板，笔者在这里向大家逐一道来。

蔬菜仙子进阶大闯关

为什么百蔬园里的蔬菜会如此娇艳多姿又恪尽职守？仙子们并不是普通的大路蔬菜，而是经过了严格的筛选，从"选拔大赛""体格测试大赛"中脱颖而出的。也就是说，能来到百蔬园里的蔬菜，不仅有"美丽的外表"，更得有让人信服的"内在品质"才行。

漫步百蔬园中，从里到外我们可以看到200多个品类的蔬菜，羽衣甘蓝、彩色花椰菜、黄花菜、观赏南瓜、观赏葫芦、樱桃番茄、观赏辣椒、鸡蛋茄、黄瓜、苦瓜、樱桃、番茄……那么，这些蔬菜是如何经过层层选拔出现在我们面前的呢？

入选世园 先闯两道关

2019北京世园会4月开幕，10月闭幕，历时162天，时间跨度较大。会期长、露天展出等对蔬菜品种提出了更高的要求。百蔬园生产专项小组围绕品种的色彩、气候适应性、盆栽景观效果、栽培环境等指标，在延庆的绿福隆、北菜园、茂源广发3个配套保障基地分批次进行了抗寒、耐热等方面的筛选以及观赏性、植株特性调查。想要走进百蔬园与游客们见面，蔬菜们都需要闯过"两大关"。

进阶闯关第一关：单株适应性和观赏性测试。世园会历时162天，需经历4月的倒春寒、7—8月的酷暑以及9月底的霜冻天气，选择适宜的蔬菜品种，通过合理的时间和空间搭配使整个展期延续不断档，是展览能否成功的首要任务。北京市农业技术推广站与北京市种子管理站从国内外搜集了大量品种，围绕品种的色彩、气候适应性（抗寒性、耐热性）、盆栽景观效果、栽培环境等指标进行品种筛选，从2017年6月起，一直持续到2018年10月，历时16个月。

进阶闯关第二关：品种小环境测试。不同品种搭配成景观后，会相互产生影响，例如植株高的会对低的产生遮荫效果，影响其生长。小环境测试就是就是将植株搭配成景观后在露地真实的展出环境中，观察各植株的生长状况，观察植株的观赏性的持续能力，最终决定该品种是否适合在百蔬园展出。

环境实验测试

　　经过两轮大闯关，百蔬园生产专项小组从447个品种中选出299种适合百蔬园展示的品种，包括蔬菜13大类194个品种、西甜瓜品种84个、食用菌品种7个、香料及药用蔬菜品种14个。

层层选拔入场的蔬菜组图

百变妆容 风情万种

　　200多个蔬菜品种被选拔出来，真像跃过了"龙门"。那么接下来这些蔬菜怎么"造型"才好？北京市农业技术推广站专家费尽心思，根据品种特性、展示周期，从基质配比、水肥管理、观赏期延长、抗寒性提升、株型控制、花期调控等方面开展了13项技术研究。5项造型技术可使蔬菜植株变化多端，长成"树形""伞形""塔形"等形状；提升耐寒性、延长观赏期等技术，使羽衣甘蓝更添风姿、占尽风流；营养液配方技术使油麦菜、生菜等植物生长24天就能达到展示标准。这些"美容技术"，使蔬菜仙子们的妆容快速达到景观要求。

　　北京市农业技术推广站专家将所有入选蔬菜的品种特性、展示周期等信息制成了生产手册，管理人员可以根据季节的变换和百蔬园展览进度的要求，从中选取合适的品种进行更迭，以保证参展的蔬菜每天都能以崭新的面貌、动人的容颜展现在游客面前。

蔬菜造型组图

仙子们该如何沐浴与补水？

　　清晨，当你漫步百蔬园，就如同进入仙境一般，晶莹剔透的小水珠们在蔬菜仙子的指尖上欢快地跳着舞，在阳光下散发出七彩光芒，可谓"五光徘徊，十色陆离"如梦似幻。为什么整个园区看不到一个浇水工人，却处处水汽缭绕，雾霭氤氲？

　　原来，是定时微喷的功劳。微喷是一种高效节水灌溉方式，它利用水泵加压，通过塑料管道输水，再借助微喷头等专用设备把"有压水"喷洒到空中，形成"毛毛细雨"，蔬菜仙子们在清晨的阳光下细细品味着甘甜的小雾珠，真是好不惬意！

蔬菜细细品味着甘甜的小雾珠

4种水，蔬菜偏爱喝哪种？

说起给蔬菜喝水这件事，真是很有讲究。大水漫灌或倾盆暴雨所带来的水，蔬菜不但喝不了多少，而且还有可能给蔬菜带来伤害。当降雨和灌溉强度超过土壤吸持水分的能力时，多余的水在重力作用下会向下流失，这部分水被称为重力水。重力水虽然部分可被蔬菜吸收利用，但由于重力水流失速度快，被利用的机会非常少。当重力水暂时滞留时，会占据土壤中的大空隙，有碍土壤空气的供应，所以会对蔬菜产生不利的影响。

那么蔬菜应该喝什么样的水呢？一般来说，土壤中的水分，根据土粒对其的吸力不同，可分为"吸湿水""薄膜水""毛管水""重力水"4种类型。并不是所有形态的水都能被蔬菜吸收利用。

我们先来了解一下上述4种水。重力水刚才讲过，太"粗暴"，蔬菜喝不到多少。吸湿水，是由土壤从空气中吸收的气态水分凝结而成，由于土粒表面的分子引力最大可达1万个大气压，而植物根系吸收水分时最大只能克服15个大气压，也就是说吸湿水在土壤团粒结构之内，不能被植物吸收。薄膜水，是土粒在吸湿水的外面，吸附的1层液态水，以水膜的形式吸附在土粒表面，其所受土粒吸力为7～31个大气压，但由于移动缓慢，植物可吸收利用的数量也很少。毛管水，也称毛细水，是土壤毛管孔隙中靠毛管力克服重力作用而保持在土壤中的液态水，具有自由水的特点，它可以在土壤毛管中上下左右移动，具有溶解养分的能力而且移动速度快、数量大，土粒吸力适中，易于被根系吸收。

但是，毛管水并不是越多越好。土壤团粒与团粒之间不仅存在毛管水，还存在植物根系接触空气的通道。植物根系吸收土壤中的水分和养料，本身也需要进行呼吸作用，即吸入氧气，呼出二氧化碳。每次充分浇水既能湿润土壤，又可以冲掉根系周围的二氧化碳和盆土中的废物，使土壤孔隙中能充满新鲜空气，这样有利于根的呼吸作用和对水分与养料的吸收。如果浇水太少，起不到冲掉根系周围二氧化碳的作用。同时这些少量的水首先会覆盖在土壤上层，封闭了下部土壤和空气的流通，使根系小环境进一步恶化。若根系长时间不能得到氧气，就会进行无氧呼吸，产生的酸性废物如果不能及时排除，就会危害根系自身，导致根系腐烂。

所以，蔬菜和我们人类喝水差不多，少量多次是最佳的，土壤略干，其缝隙中的空气就充足，根系能够从呼吸作用中得到足够的能量进行生命活动，如吸收水分、养料，及根系自身的伸长生长。也就是说"见干见湿"的浇水方法，才是最佳的补水方法。

"毛毛雨"与"打点滴"

喷灌、微灌等高效节水灌溉技术正是满足这种蔬菜补水需求的最佳选择，近年来，随着灌溉技术高速发展，农业生产已进入高效节水灌溉时代。喷灌、微灌因其"按需灌溉"和"精确灌溉"的特点，成为最先进的灌溉节水技术。

喷灌

喷灌设备将水喷射到空中散成细小的水滴

　　喷灌是利用专门设备将有压水送到灌溉农田，并将水喷射到空中散成细小的水滴，模拟天然降雨的灌溉方式。微灌即按照作物的需水要求，通过低压管道系统与安装在末级管道上的特制灌水器，将水和作物生长所需的养分以较小的流量均匀、准确地直接输送到作物根部附近的土壤表面或土层中的灌水方法。与传统的地面灌溉相比，微灌只以少量的水湿润作物根区附近的部分土壤，因此又叫局部灌溉。

　　按灌水时水流出流方式的不同，微灌可分为微喷灌、滴灌等几种形式，其中微喷灌是用微喷头将具有一定压力的水以细小的水雾喷洒在作物叶面或根部附近的土壤表面进行灌溉，有固定式和旋转式两种。前者喷射范围小，后者喷射范围大。而滴灌应用最为广泛，滴灌是按照作物需水要求，通过低压管道系统与安装在毛管上的灌水器，将水和作物需要的养分均匀缓慢地滴入作物根区土壤中的灌水方法，是一滴一滴地供水。如果说微喷灌是给蔬菜淋点儿"毛毛雨"，那么滴灌更像是"打点滴"。滴灌不破坏土壤结构，土壤内部水、肥、气、热经常保持适宜作物生长的良好状况，蒸发损失小，不产生地面径流，几乎没有深层渗漏，是一种节水的灌水方式。

　　无论微喷还是滴灌，百蔬园将这两种先进高效的灌溉技术配合使用，满足了所有蔬菜的个性化需求。

　　不同的蔬菜喝水量是不一样的，有些需要"喝"到十分饱，有些可能只需要三分饱，为了将每一滴水都用在刀刃上，北京市农业技术推广站的蔬菜专家摸清了每种蔬菜的精准需求，配合每种蔬菜需水量，技术专家针对森林与沼泽，荒漠与草原，田园与庭院等区域，布置了不同粗细、长长短短的管子，有的像喷雾器，有的像水龙头，铺设了雾化喷管和微喷带。若需要大面积浇水，会启用喷灌，局部缺水会动用微喷带，这样分片、分区块来灌溉，每种蔬菜各取所需，一滴不多，一滴不少。

　　总之，科学的数据分析加现代化高效节水技术，使得种植的蔬菜个个鲜嫩水灵，每天以生机勃勃的姿态迎接游客们的检阅。

"养生美容"秘诀原来是"边吃边喝"

　　水分和肥料是蔬菜生长发育过程中的两个重要因子，缺了哪一个，蔬菜都长不好。那么，漂亮的蔬菜仙子们到底是该"先吃饭"还是"先喝水"呢？不用纠结，百蔬园的技术专家早就替蔬菜们安排好了。营养元素随着微灌系统的启动，顺着管道就输送过去，百蔬园的蔬菜仙子们，"养生美容"的秘诀原来是"边吃边喝"。

为什么要边吃边喝？

蔬菜"进餐"为什么是顺着管道来的？难道营养都在水里？答案是肯定的。技术专家为了让蔬菜仙子既吃得好，又长得漂亮，又能生活在绿色生态环境里，启用了大名鼎鼎的水肥一体化技术。

所谓水肥一体化，简单来说就是将肥料溶于水中，把水和肥混在一起给作物"吃"。为了使施到土壤的肥料到达蔬菜的嘴边，技术专家把能想到的路径都研究了一遍，发现通常有两个路径。一个叫扩散过程，肥料溶解后进入土壤溶液，靠近根表的养分被吸收，浓度降低，远离根表的土壤溶液浓度相对较高，结果产生扩散，养分向低浓度的根表移动，最后被吸收。另一个过程叫质流，蔬菜在有阳光的情况下叶片气孔张开，进行蒸腾作用，导致水分损失。根系必须源源不断地吸收水分供叶片蒸腾耗水。靠近根系的水分被吸收了，远处的水就会流向根表，溶解于水中的养分也跟着到达根表，从而被根系吸收。肥料一定要溶解在水中才能被吸收，不溶解的肥料蔬菜根本吃不到嘴里，所以是无效的。

在实践中就要水肥一体化管理，也就是灌溉和施肥同时进行，将可溶性固体肥料或者液体肥料，按照一定的比例与灌溉水混在一起，通过特殊的管网及施肥设备，将肥料随水流送达作物的根部。

又吃又喝，那要不要减肥？

这种边吃边喝的生活方式，蔬菜仙子会不会一不小心吃多了变得太臃肿？事实上，水肥一体化技术的神奇之处就在于人们可以根据每种蔬菜在不同生长阶段所需要的水分和养分的不同，调配出能够满足蔬菜生长所需的最适宜养分含量的水肥，在适宜的时间段内进行适量的灌溉，也就是说根据蔬菜不同年龄段的个性化需求，根据消耗量制定出满足体能的最佳食谱。

关于水肥一体化技术的神奇，有人算了一笔经济账，与常规施肥相比，水肥一体化技术可节省肥料用量30%～50%、节水50%以上、节省劳动力90%以上；能灵活、方便、准确地控制施肥时间和数量；显著地增加产量和提高品质，增强作物抵御不良天气的能力；减少病害的传播，杂草生长也会显著减少……好处实在太多了，总之，这是当前世界公认的一项高效节水节肥的农业生产技术，具有节水、节肥和减少环境污染的三重效果。

神奇技术，追根溯源

实际上，"水肥一体化"一词最早来源于以色列。以色列地处干旱地带，南部大部分地区都是沙漠，由于极度缺水，这项技术就应运而生了。以色列农业灌溉技术经历了大水漫灌、沟灌、喷灌和滴灌等几个阶段。20世纪50年代，喷灌技术代替了长期使用的漫灌方式。60年代初，以色列开始发展和普及水肥一体化灌溉施肥技术。现在，以色列超过80%的灌溉土地使用滴灌方法，滴灌技术可节水35%～50%，水和肥的利用率高达90%。以色列推广滴灌技术以后，耕地面积从16.5亿米^{2}增加到44亿米^2，全国农业用水总量一直稳定在每年13亿米^{3}左右，农业产出却惊人地翻了5倍，跻身世界农业发达国家之列。也正是因为该技术的大力推广和应用，以色列才创造了"以沙漠之国打造农业强国"的奇迹。

而我国水肥一体化技术发展，最早可从1974年引进墨西哥的滴灌设备算起，1981年，我国在引进国外先进工艺的基础上，自行研制生产出首台成套的滴灌设备，自此，我国自制灌溉设备开始实现大规模生产。近些年，国家出台了一系列政策，大力发展节水农业，推广普及水肥一体化等农田节水技术，甚至将水肥一体化技术的推广应用上升到国家战略层面。

目前，该技术辐射范围从华北地区扩大到西北旱区、东北寒温带和华南亚热带地区，覆盖设施栽培、无土栽培等栽培模式，以及蔬菜、花卉、苗木、大田经济作物等多种作物，特别是西北地区膜下滴灌施肥技术处于世界领先水平。而随着计算机技术和各种传感设备的快速发展，水肥一体化技术也从最初简单地将水和肥混合在一起提供给农作物，向着智能化、信息化和精细化方向发展。

延伸阅读

北京水肥一体化技术应用与发展

北京水肥一体化技术大致经历了3个发展阶段：第一阶段是2000—2008年，将肥料溶化随水施用，实现了水肥一体化，但缺乏精准的灌溉施肥制度、灌溉系统、施肥设备和专用水溶肥料等；第二阶段是2009—2014年，灌溉施肥产品有了较大改进，如可调比例文丘里施肥器、全水溶滴灌专用肥等，开展了固定茬口设施蔬菜的灌溉施肥制度研究，但以人工操作和决策为主，缺乏智能的灌溉决策系统；第三阶段是2015年至今，水肥一体化技术朝着智能化、精准化方向发展。如今，北京超过半数的规模化农业园区实现了智能化、精准化水肥灌溉。

水肥一体化智能灌溉施肥技术关键核心的装置是灌溉施肥控制设备。近年来，北京通过引进国外先进施肥机、自主研发轻简式智能施肥机以及简易灌溉控制器，有效提高水肥资源利用率，节约水肥资源，并且能提高作物产量和品质，实现了农业数字化、智能化、自动化和现代化。

国外智能设备技术门槛较高，操作复杂，同时成本也相对较高，主要应用对象为生产规模较大的园区。针对北京生产经营现状，北京市农业技术推广站自主研发了轻简式智能施肥机，该机具有低成本、易操作的特点，受到农户欢迎。施肥机内部嵌入了依据光辐射开发的水肥管理系统，可以根据光照的强弱控制灌溉施肥，实现智能管理。为了降低技术门槛，施肥机采用"傻瓜化"设计，操作简单，节约水肥效果明显，果实品质也大幅提高。目前，该设备已在昌平区、顺义区和房山区等地进行了推广使用，实现了增产提质的效果。以番茄种植为例，使用该套设备，与农户常规管理相比，可实现亩节水114米^3、亩节肥56千克。同时，果实糖酸比提高18%，番茄红素提高11%，节本提质增效明显。此外，还自主研发出简易灌溉控制器，界面由旋钮和按键组成，操作简单，可以实现4个区组阀门控制，成本低廉，有利于推动农业自动化的发展。

2019年，北京农业智能装备技术研究中心完成了果菜创新团队房山综合试验站日光温室群水肥一体化集中管控系统设备的安装，并将尾菜废弃物处理资源化利用装备与水肥一体化系统连接，实现试验站温室生产的废弃物好氧发酵液化处理与灌溉利用，及日光温室群水肥灌溉管控、故障警示及其他农事管理的一体化、集中化，既可提高废弃物回收利用效率，又有效提高水肥管理效率，利于节本增效和生态循环农业发展。

蔬菜穴盘育苗

北京于2017年开始研究蔬菜潮汐式育苗水肥一体化技术设施设备，通过水肥一体化控制系统、循环管路系统的配套使用，由软件程序控制潮汐式育苗水流和营养液配比等，能非常精确地对不同类别蔬菜苗所需肥液进行配比，定时定量地进行灌溉。由于底部供液，基质水肥供给均匀、快速、精准和高效，与顶部洒水灌溉相比，潮汐灌溉处理的植株生长势强，壮苗指数高，节水24.0%~33.72%，且灌溉效率高，可节约用工27.95%；同时，控制苗床的上水和回水速度，使营养液快进快排，减少基质的吸水量，保持叶片干燥，可使幼苗受病原菌侵害的概率减少，减少农药的使用，实现节水、减肥和减药。2019年，全市采用潮汐式育苗方式，共计生产蔬菜种苗156万株，可供400余亩设施生产。

番茄种植

2017年北京市农业技术推广站在京郊开展高品质番茄基质化栽培试验、示范与推广工作，在全市示范推广优新番茄品种，采用槽式基质栽培，通过应用水肥一体化、环境调控、密度控制、植株调整和绿色病虫害防治技术的综合应用，集成了京郊高品质番茄基质化栽培技术体系。2018年，在全市共建立高品质番茄基质化栽培示范点15个，分布在大兴区、密云区、昌平区和延庆区等地，总面积243亩。目前，示范点番茄可溶性糖度在8%以上，最高达到13%，且风味突出，平均亩产在3 000千克以上，平均售价30元/千克，亩产值可达9万元，较普通生产效益提高30%以上。

生菜种植

据统计，京郊设施生菜面积约4.4万亩，占据北京设施蔬菜播种面积第一位，有"京城第一叶菜"之称。通过水肥一体化技术优化，生菜净菜平均产量达到3 201.7千克/亩，较常规灌溉施肥增产7.3%，亩均增收节支1 500元。较常规施肥亩减肥5.2千克（纯量）以上，减肥率21.3%，亩均节水45米^3，节水率52.7%。

西瓜和甜瓜种植

在大兴庞各庄、顺义杨镇等产区示范推广的中果型西瓜栽培中，采用全地膜覆盖、膜下微喷灌溉，并配套集约化育苗技术、水肥一体化技术等，示范点平均亩产量5 310.5千克、亩纯效益8 100.5元，较常规种植模式高1 741.5元，辐射推广2万亩，总增收3 480.3万元。在春季大棚小型西瓜高效栽培示范中，到2019年7月25日，16个高产示范点平均亩产量达到4 198千克（采收两茬瓜合计），高于全市3 503千克的平均亩产，最高亩产量达5 758千克；采用水肥一体化技术和地肥栽培，每亩省工4.0个，总省工800余个。

在春大棚厚皮甜瓜高产高效栽培技术示范中，11个高产示范点平均亩产量达到3 249.3千克，高于全市2 781.2千克的平均亩产，比全市平均亩产增加16.8%。采用水肥一体化技术，化肥施用量比2018年减少6.0千克／亩，水分用量比2018年减少3.2米^3／亩，节水节肥效果显著。

草莓种植

草莓作为高经济价值作物，在京郊种植面积呈现逐渐增加的趋势，2017年，北京草莓生产面积10 515亩，总产量1.24万吨；水肥管理对于草莓产量和品质具有极其重要的作用，目前京郊草莓基本上实现了水肥一体化全覆盖。

2018—2019生产季，北京市农业技术推广站在昌平建立草莓节水技术示范点11个，示范水肥一体化技术，示范面积6.6亩。示范点平均亩用水184米^3，较2017—2018生产季亩节水31米^3，节水14.4%；平均亩产量2 092千克，单方水产出11.4千克。亩投入有机肥1 787千克，每千克有机肥产出草莓1.8千克，产出比较2017—2018生产季增加28.6%；亩投入化肥总量142.1千克，其中底施42.9千克，追施114.8千克。每千克化肥产出草莓17.7千克。根据对2016—2019年连续4年的草莓节水监测结果，草莓全生育期平均灌水54次，每亩平均灌水量209米^3，平均单次灌水量3.9米^3，平均日灌水量0.76米^3，平均单株灌水量0.027米^3。

总之，水肥一体化技术作为一种节本增效的实用技术，改变了传统的灌溉施肥模式，在一定程度上促进了北京设施农业的快速发展。未来，北京发展水肥一体化技术，将农业废弃物资源化利用相结合，将农业废弃物转化为肥，实现生态循环；与土壤质量提升、土壤修复、农业减排相融合，促进农业绿色发展；将继续向信息化、智能化、自动化和精细化方向发展，在高效生产出更多安全优质农产品的同时，推进农业可持续发展。

虫虫特工队　仙子护卫队

　　吃饱喝足的蔬菜仙子，别提有多精神了，舒展开窈窕的身姿，绽放出动人的娇颜。蓝天白云下，瞧，成片的油菜花在清风中流金溢彩，白色的蝴蝶在花间翩跹起舞；紫色的豆荚花娇羞地藏在绿叶的身躯后，纤长的红色豆荚正成串成串地爬满藤架；紫色的甜菜晒着它油亮的叶子，浓密的香葱正坚挺起身姿，一切看上去都很美好，殊不知，危险正在降临，残暴的害虫集结并伺机而动，怎么办？不用着急，且看身怀绝技的虫虫特工如何大展身手。

油菜花在清风中流金溢彩

惊闻害虫"残暴"，蔬菜仙子花容失色

那花间盘旋的白色蝴蝶，其实是菜粉蝶，它悄悄将卵产在油菜、卷心菜、花椰菜、白菜的叶片上。一开始，蔬菜仙子们不以为然，这有什么，不就是几粒虫子卵吗？

看看接下来会发生什么吧。不久，菜粉蝶的幼虫——臭名昭著的菜青虫爬出卵壳，开始了自己的饕餮与蜕皮之旅。早期菜青虫只啃食叶肉，留下一层透明表皮，随后食量大增，严重时叶片全部被吃光，只残留粗叶脉和叶柄，而且还会一边吃一边拉，排出的大量粪便不仅污染菜叶和菜心，还会导致蔬菜得病甚至死亡；经过4次蜕皮，肥大的菜青虫开始化蛹，仅需9天，菜粉蝶便破蛹而出，之后又在种有甘蓝（卷心菜）、白菜、油菜、芥菜等十字花科的蔬菜地里盘旋不去。

高温季节，菜粉蝶繁殖力极强，而且卵产在叶背隐蔽处让人防不胜防。雌虫一生产卵量在100～200个，最多能达500个，数量惊人。原来，在花丛中翩翩起舞，轻盈飞扬的蝴蝶，竟然是糟蹋菜园的残暴破坏者！

菜粉蝶的卵一般只产在十字花科蔬菜上。另外一些害虫则相当杂食，蓟马类就是其中的一大类，洋葱、大蒜、韭菜、黄瓜、茄子、白菜等众多蔬菜都是蓟马爱吃的，它们以刺吸式口器吸食蔬菜的心叶和嫩芽汁液，被吸食的蔬菜会产生许多细密、长条形的灰白色斑，最后枯黄扭曲，叶片枯萎；烟粉虱的寄主植物很多，600多种，它们通过吸食蔬菜汁液、分泌蜜露诱发煤污病、引起蔬菜生理异常，同时还可传播多种病毒；而斜纹夜蛾，则是一类杂食性和暴食性害虫，除十字花科蔬菜外，还可为害包括瓜、茄、豆、葱、韭菜、菠菜以及粮食、经济作物等近100科、300多种植物；还有蚜虫，虽然个头不大，但是成群结队、密密麻麻，看上去令人头皮发麻；它们常常聚集在植株的花芽、嫩叶或嫩枝上吮吸汁液，使植株发黄变形、花容减色，严重时萎蔫、畸形生长。蚜虫个头微小，却是地球上最具破坏性的害虫之一，而且，它繁殖能力超强，可以单亲生殖，一只在春季孵化的雌虫经过一个夏天，就可能产生数以亿计的后代……

这么多害虫！难道以后百蔬园的蔬菜们就要不停地与这些残暴的害虫共生下去，没有安生日子过了吗？更何况，百蔬园遵循绿色办会理念，是不打农药的。

不打农药，其实仍然有无数好办法。

　　"农"的繁体字有8种，其中"農"，上部两侧的"E"和"ヨ"为一双手，上部中间的"凶"表面上与田相像，但实际上却是捕虫的工具。说明农字起源于除虫，自古以来蔬菜生产的过程中，害虫防治是最主要的事项。国人在长期生产实践中很早就观察并认识到了自然界生物存在着捕食与被捕食的机制，这种机制被人们用来防治虫害，也就是现在所说的生物防治法。

　　万物相生相克是大自然的法则，有多少害虫，就有多少害虫的天敌，利用天敌消灭害虫的方法就是生物防治。近年来，国家大力扶持生物防治事业。北京为了提升天敌昆虫的生产能力，新建了天敌昆虫生产企业4家，天敌生产线20条，天敌品种发展到20余种，年产能达3 000亿头。植保专家介绍，本次世园会，北京植保部门同样备好了充足的天敌，防治病虫害的"虫虫特工"早就已经"驻防"百蔬园。

　　那么，在百蔬园里，都有哪些精兵强将呢？

百蔬园里的"虫虫特工队"

仙子护卫队，虫虫特工身怀绝技

智利小植绥螨——红蜘蛛的头号杀手

红蜘蛛是叶螨的统称。红蜘蛛一般藏在枯枝、腐叶、土缝中，温度适宜时开始大量繁殖为害。在西瓜、黄瓜、青椒、茄子等蔬果叶子上非常常见。尤其在高温干旱的气候条件下繁殖迅速，极易暴发成灾。别看叶螨个头小，远看就是一种暗红色的小点点，但它们能够在短短两三周时间内从每叶2～3头猛增到每叶数百头，呈几何级增长，对作物危害非常大。叶螨也是一类世界性害虫，那不时出现的、难以除掉的小红点点曾经是瓜菜生产者最头疼的问题。

捕食螨

科研人员找到了一种绿色有效的捕虫方式，就是放置大量的"捕食螨"。捕食螨个头和叶螨差不多，与叶螨有着相似的发育速度和繁殖能力，但活动能力要远远高过叶螨，它能够捕食叶螨。不过，捕食螨有300多种，并非所有的都能为人类所用。科研团队耗费数年时间，在室内、田间开展大量生物生态学试验，最终找到理想"兵种"——智利小植绥螨，它在袭击体量相似的害螨时毫不嘴软，英勇无比，并且食量惊人，一天能够捕食叶螨30多头。其中，雌性成螨的捕食能力最强，它对叶螨卵的捕食量更高，每头每天可捕食60～70头，而且，它对害螨"情有独钟"，只以叶螨为食，堪称叶螨的头号杀手。

北京从2009年起，在设施蔬菜、草莓等主要作物上大面积推广应用智利小植绥螨防治叶螨，技术已经非常成熟。2017年北京新建了一条智利小植绥螨中间性试验生产线，年生产能力达1.8亿头。智利小植绥螨被筛选出来并成功实现商业化生产，一个个单兵作战的"杀手"组织成了一支规模化作战部队，能更有效地围剿害虫。

这支规模化作战部队，在满足京津冀地区叶螨防治需求的基础上正在全国进行推广，还远赴山东、陕西、海南、广西等多个省份。

异色瓢虫——灭蚜虫的高手

蚜虫俗称腻虫或蜜虫，是地球上最具破坏性的害虫之一，几乎能以所有的蔬菜作物为寄主植物。蚜虫常常聚集在瓜类、茄果类、十字花科蔬菜植株的花芽、嫩叶或嫩枝上吮吸汁液，使植株发黄变形，严重时还会使植株萎蔫、畸形生长；蚜虫分泌的蜜露还会诱发煤污病、病毒病并招来蚂蚁危害等。当蚜虫大暴发时，还会给人类的生活带来困扰，比如，道路旁的树木如果遭到许多蚜虫侵袭，就会出现"滴油"现象，如果树下刚好停了车，车身上便会滴满"油"，这些其实是蚜虫分泌的黏糊糊的蜜露。

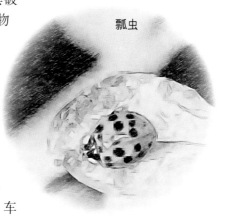

瓢虫

说起它的危害，真是让人咬牙切齿。1845—1852年，长达7年之久的爱尔兰大饥荒，使该国人口锐减了将近1/4，上百万民众流离失所，背井离乡，很多人知道这场史无前例的大饥荒是因为马铃薯晚疫病传播导致的。但是，很少有人知道，在背后推波助澜的竟然是蚜虫。蚜虫之所以有这么大威力，其中有一个很重要的原因就是它们虫多势众、特别能生，甚至只靠雌性就可以进行孤雌生殖。单亲妈妈可以直接生出小蚜虫，即若蚜。这些若蚜只需5~7天时间，就可以再次进行孤雌生殖产生新的一代。如此循环，一直持续整个夏季，也就是说，一只在春季孵化的雌虫经过一个夏天后，就可能产生数以亿计的后代。

那么，谁能收拾这可恶的害虫？瓢虫天生就是蚜虫的天敌。说起瓢虫，我们立刻会想到童年伙伴——七星瓢虫，小时候一直认为，"只有七星瓢虫才是好虫子"，所以抓瓢虫前先数点，数完点后，是七星的一起玩，其他星的通常被厌弃。后来才知道，全世界有6 000多种瓢虫，中国记载的有700余种，其中80%以上为肉食性，主要捕食蚜虫、介壳虫、粉虱、螨类等害虫，是益虫。另外植食性的种类，如茄十一星瓢虫、茄二十八星瓢虫等，取食瓜、果、蔬菜等，属一类重要农业害虫。

这次被派来百蔬园的灭蚜高手是异色瓢虫。异色瓢虫是北京地区常见的瓢虫种类，本种内有100多种变型，光是在北京就可以找到50多种变型。光异色瓢虫就能如此"变化多端"，看来，靠数"星"区分好虫还是坏虫，一点都不靠谱。那怎么区分呢？科学的方法是：看它的鞘翅是光滑的，还是带有绒毛的。如果带有绒毛，就是害虫。

异色瓢虫可不是平时在田间地头游荡的"小混混"，它们集众多优秀品质于一身：适应性强、繁殖力强、食量大、食性广，一只异色瓢虫一天可以捕食上百只蚜虫。在百蔬园，一株彩椒被挂上一张"异色瓢虫卵卡"，黄色如小米粒大小的20多个异色瓢虫卵宝宝，整齐地排列在里面，一周之内，这些瓢虫小宝宝们会孵化成功，最终成长为异色瓢虫成虫，瓢虫生长期会吃掉大量蚜虫，所以，植保专家根据虫害发生情况投放带瓢虫卵的虫卡，这种"卵卡"繁育的后代，有着卓越的杀敌能力。

在北京延庆建成的400米^{2}的异色瓢虫生产车间里，每年可生产5 000万只异色瓢虫。据北京植保部门介绍，将它们在设施蔬菜、露地果树等作物上进行推广应用后，防治效果在85%以上。相关统计显示，应用异色瓢虫防治害虫技术，可使蔬菜每年减少农药使用15次以上，每亩减少化学农药用量0.3千克。

异色瓢虫卵卡挂在植株上

身着黑色盔甲的东亚小花蝽——剑指蓟马一招制敌

蓟马，别看个头小，实则是大恶，因为它们有一个令人发指的恶习：专门吃植株幼嫩和关键部位（枝梢、叶片、花、果实等）的汁液，嫩梢和叶片、花器和果实都是作物生长过程中非常重要的部分，一旦受到损伤，便会影响到作物一生的健康生长。嫩梢、嫩叶受害会变硬、卷曲，甚至枯萎。花器受害时，开始会出现白斑，后期变成褐色，逐渐枯萎。幼嫩果实（如茄子、黄瓜、西瓜等）受害则会产生疤痕，疤痕随果实膨大而扩张，呈现出不同形状、不同程度的硬化，严重时造成落果，没有收成。

蓟马是一种很令人头疼的病虫害。主要表现在以下3个方面：第一，善隐藏，蓟马非常狡猾，总把自己藏得很好，白天潜伏（有时会躲在土壤缝隙里），夜晚出来活动，而且行动比较隐蔽，不易被发现，被发现时，作物常常已经被祸害多时了。第二，逃跑快，蓟马个体非常小，肉眼不容易看清楚，成虫善飞能跳，可借助外力四处扩散，因此，蓟马一旦被发现，逃窜很快，防治困难。第三，生得多，一般进行孤雌生殖，从卵到成虫仅需14天，世代更替快，一年发生7～8代，1～2代发生就已经较为齐整，以后会世代重叠。

东亚小花蝽是蓟马的捕食性天敌，广泛分布于北京、天津、河北、山西、湖南、湖北、上海、四川、甘肃等地。小花蝽虽然并不高大威猛，但武功高强，身形灵活，反应速度快，对蓟马、蚜虫、叶螨、粉虱、叶蝉、鳞翅目昆虫卵和初孵幼虫等害虫都可一招制敌。口针是它的秘密武器，一旦发现敌人，口针就像一把利剑深深地刺入敌人的身体，并迅速吸取其体液，行动干净利索，令敌人毫无招架之力，几秒钟后命归西天。

东亚小花蝽

北京的科研人员经过研发，掌握了东亚小花蝽的生物学特性，研制了室内规模化繁育的技术。目前，东亚小花蝽在北京已经实现商品化生产，年产可达5 000万头，已被广泛应用于蔬菜、果树、草莓、西瓜等多种作物上防治蓟马、蚜虫等害虫。

烟盲蝽——分分钟整治粉虱

粉虱在植物上的危害特别严重，遭到危害的蔬菜叶背叶面通常会布满密密麻麻的白色小虫子，像涂了一层粉，所以人们把这种害虫叫粉虱。

粉虱的祸害性主要表现在4个方面：一是直接取食，它们以刺吸式口器刺入叶肉，吸取植物汁液，造成叶片褪绿、变黄、萎蔫，甚至全株枯死；果实畸形僵化，引起植株早衰，影响产量。二是间接为害，粉虱类害虫在活动时会分泌蜜露，滋生其他真菌，在叶片表面形成一层煤污，影响植物光合作用。三是传播病毒，粉虱在取食的同时还能携带病毒传播。四是繁殖力强，粉虱类繁殖速度快，种群数量大，群集为害。

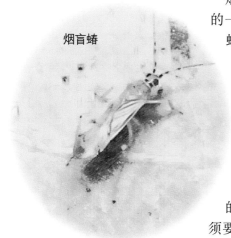

烟盲蝽

烟盲蝽是近年来在我国生物防治领域引进的一种杂食性天敌昆虫，它主要取食粉虱。蝽，就是我们熟悉的放屁虫或者叫臭大姐，在我们的记忆中，它们不但难看，而且还生有臭腺，特别不招人喜欢。实际上，蝽也是一个大家庭，全世界已知的就有4万多种，形态繁多、千奇百怪，不仅有食素的蝽，也有不少肉食性蝽。植物保护工作者在研究烟盲蝽的生物学特性时，发现了它肉食性的一面。在烟盲蝽的整个发育历程中，必须要吃肉，肉食性食物（粉虱、蚜虫、鳞翅目昆虫等）是它的主食，捎带偶尔再补充点植物性食物。

由于烟盲蝽杂食性的特点，近几年，国内的生物防治工作者已经越来越重视烟盲蝽的生物防治的作用和潜力，并开展了一系列的研究与试验。对烟盲蝽捕食能力的研究发现，烟盲蝽对粉虱、小菜蛾等害虫的捕食能力相当可观，每天最多可捕食粉虱成虫62头、卵112粒，小菜蛾二龄幼虫74头、卵101粒。北京市植物保护站室内试验结果显示，烟盲蝽对白粉虱和烟粉虱的若虫每天平均捕食量可达20头和29.2头。

屡立奇功的大英雄——赤眼蜂

　　在历次剿虫战役中屡立奇功的大英雄——大名鼎鼎的赤眼蜂，在世园会这个重要的场合，肯定不能缺席。和其他捕食性天敌昆虫不一样的是，赤眼蜂是寄生性天敌昆虫，其雌性成蜂喜欢将卵产在害虫卵内，在害虫卵内孵化成幼虫，并以害虫卵液为营养，害虫还没孵化出来，便被赤眼蜂消灭在萌芽阶段。赤眼蜂幼虫在害虫卵内发育为成蜂后，就咬破害虫卵壳羽化，再去寻找新的害虫卵寄生，往返循环，作战能力非常强。

　　红红的复眼，是它们的显著特征，成虫体长只有0.5 ~ 1.0毫米，小到几乎肉眼看不见，在显微镜下，人才能看清楚它的模样。别看它个头小，战斗力却"爆棚"，杀起害虫来是"快准狠"。

　　"快"是指它让害虫没有机会孵化出来，便被消灭在萌芽阶段。"准"是指雌蜂依靠触角上的嗅觉器官，无论害虫卵藏得多么隐蔽，都难以逃出它的

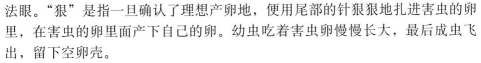

赤眼蜂

法眼。"狠"是指一旦确认了理想产卵地，便用尾部的针狠狠地扎进害虫的卵里，在害虫的卵里面产下自己的卵。幼虫吃着害虫卵慢慢长大，最后成虫飞出，留下空卵壳。

　　而且赤眼蜂一点都不挑食，胃口特别好，鳞翅目、鞘翅目、膜翅目、脉翅目、半翅目、直翅目等害虫的卵，没有不爱吃的。正因为如此，赤眼蜂被广泛用于生物防治中，如"天兵天将"一般，令害虫闻风丧胆。在世界范围内的生物防治中，赤眼蜂是应用范围最广、应用历史最久的一类卵寄生天敌昆虫，战功赫赫。我国在20世纪70年代就已在全国范围内推广使用赤眼蜂防治害虫，目前，已成为世界上应用赤眼蜂防治害虫面积最大的国家。

　　北京从20世纪70年代就开始开展赤眼蜂利用以及繁育技术研究，在国内起步较早，进入21世纪，北京加强了赤眼蜂自动化、产业化生产能力以及应用技术水平研究，实现了赤眼蜂的自动化、产业化繁育，攻克了赤眼蜂产品储存、包装及运输等方面的多项技术难题，取得了10余项专利，组装了1条赤眼蜂自动化繁育生产线，生产效率提高了50倍，年生产能力达300亿头，产品不仅覆盖了京津冀地区，还远销山东、上海、广西等9个省份。

不动声色的暗夜守护者

虽然虫虫特工队成员个个骁勇善战，但也不能低估害虫的狡猾，有不少就成为"漏网之鱼"；还有很多害虫是夜行性的，常常在夜色的掩护下出来作恶；最可怕的是隐匿在暗夜之中伺机而动的迁飞虫群，它们随时可御风而起，夜行几百公里，一夜之间就能吃光"百蔬园"里所有的蔬菜。那么，夜色笼罩之下的"百蔬园"，谁是不动声色的暗夜守护者呢？

巧布迷魂阵，"好色"夜蛾命丧黄泉

很多害虫常在夜间出来作恶。比如说甜菜夜蛾和斜纹夜蛾，白天躲在阴暗处或土缝里，专门夜晚飞出来为害。它们爱吃十字花科的蔬菜，绝大部分的夜蛾幼虫都喜欢用它们的咀嚼式口器吃鲜嫩多汁的蔬菜叶子，而夜蛾成虫没有了咀嚼式口器，不能咀嚼菜叶，就用似吸管的长型口器来汲取蔬菜的汁液，常将叶片咬食得千疮百孔；初孵的幼虫具有暴食性，会将地面蔬菜的叶、花、果实、茎秆一扫而光，甚至连菜地旁的杂草也不放过；而且斜纹夜蛾和甜菜夜蛾世代重叠、繁殖量大，危害性极大。

夜蛾一般夜晚通过飞翔寻找交配的伙伴和合适的产卵地方。在交配的时候，雌蛾能够分泌一种叫作性外激素的化学物质，最多能引来百万只雄蛾进行交配，这在生物学中被称为"化学通讯"；而有着灵敏嗅觉的雄蛾，它们的触角好似鸟类的羽毛，覆盖着发达的细丝，能够感受千里之外的"心上虫"散发的极其微量的性外激素，哪怕仅是随风飘来的一个激素分子。

科技人员利用雄蛾"好色"的特性，研究出一种性引诱剂，把性引诱剂抹一点在"性激素诱捕灯"里面，灯下面的容器内注入水。夜晚，灯一亮，性引诱剂就散发出气味，蛾子闻到了，就会纷纷飞过来，掉入水中淹死，所以我们常常会看到一些浮在水面的蛾子尸体。

性诱捕器

"花式"陷阱，害虫赴死趋之若鹜

走在园区，我们时不时能够看到一些色彩艳丽的黄板、蓝板，上面还粘着一些小虫子的尸体，这些黄板、蓝板是粘虫板，它们利用小型害虫对颜色的"趋性"来消灭害虫，是一种省力又环保的除虫手段。

有效的"粘虫板"

趋性是昆虫天生的行为反应，当它们面对某种刺激时，喜爱或恐惧就成为了本能，镌刻在它们的基因中，促使它们拼命地追逐或逃离。科学地讲，趋性是对某种刺激有定向活动的现象。根据刺激源可将趋性分为趋热性、趋光性、趋化性、趋湿性、趋声性等。根据反应的方向，则可将趋性分为正趋性和负趋性两类。

不同波长的光及其组合会呈现出不同的颜色，而昆虫对这些颜色的趋性程度也就存在着差异，对色彩的趋性一般为黄色>白色>蓝色>绿色>红色>黑色。黄色对大部分昆虫都具有较强的引诱作用，所以，利用黄板诱杀害虫是现在非常常见的一种病虫害防治手段，植保人员在百蔬园设置了黄板、蓝板等粘虫板，黄板用来粘蚜虫等害虫，蓝板用来粘蓟马等害虫。

　　说到趋光性，我们经常会在夏天看到路灯下，盘绕着一群群飞虫始终不肯离去的场景，其中，最有名的就是飞蛾。成语"飞蛾扑火"说明了飞蛾对于光的喜爱。那么，为什么飞蛾会对光如此"情有独钟"呢？事实上，飞蛾虽然有一定的趋光性，但它们在灯下盘旋是因为"迷路"了。飞蛾夜间活动，是靠月亮导航的，它的眼睛是由许多的单眼组成的复眼，月光始终会从同一个方向投射过来，飞蛾就根据这股光线前行，如果光线消失，就说明遇到障碍物了，它就会调整飞行角度，重新找到那股光线，就可以继续前行了。如果在旷野中出现灯光，会让飞蛾误认为月亮。在这种情况下，它只要飞过灯光前面一点，就会觉得灯光射来的角度改变了——从侧面或者从后面射来，因此便把身体转回来，直到灯光以原来的角度投射到眼里为止。于是飞蛾就会不停地对着灯光呈螺旋状盘旋，直到精疲力竭。

太阳能杀虫灯

　　利用昆虫的趋光性，园区内设置了"高空探照姊妹灯""太阳能杀虫灯"等数十种诱捕害虫设备，这些设备利用灯诱、性诱等昆虫的招引技术，引诱害虫进入诱捕器里。

　　各种各样的杀虫灯各司其职，用"小身躯"发挥着"大威力"。比如太阳能风吸式音乐杀虫灯，可以播放各种音乐，播放的音乐中有个波段的音频可以驱虫驱鸟。雷达双频频振式杀虫灯威力强大，因为是电击式的，无论是多大的虫子，只要能引诱过来，都能被杀死，在害虫高发期，一晚上诱杀的虫子都是论"斤"计的。

杀虫灯组合
1.风吸式太阳能杀虫灯　2.频振式太阳能杀虫灯　3.风吸式音乐太阳能诱虫灯

架起"天眼"，严密监视害虫一举一动

俗话说，明枪易躲，暗箭难防，迁飞性害虫就很麻烦，它们隐匿着，在人眼不及的地方涌动着，随时可御风而起，利用空中气流进行远距离快速移动，一晚上甚至可迁移上千公里。所过之处食叶嚼茎，轻者令作物残枝断叶，重者如风卷残云，片甲不留。

由于它们多在晚上飞行，高度一般在几百米以上，远远超出了肉眼可视范围，很难发现其行踪。在飞行过程中，它们有时会主动降落选择合适的繁殖地，有时受下沉气流、降雨、昼夜节律的影响被动降落。由于迁飞时它们往往成群结队，因此，无论是主动降落还是被动降落，都会给人以从天而降的感觉。迁飞性害虫发生时常常表现为突发性、暴发性和毁灭性的特点。

在北京常见的迁飞性害虫有草地螟、黏虫、小地老虎、小菜蛾、甜菜夜蛾等，与本地害虫相比，迁飞性害虫的威胁更大，监测预警难度更高。如果迁飞性害虫降落百蔬园，一夜之间就能吃光所有的蔬菜。

为此，植保专家在科学分析基础上，在迁飞性害虫南北迁飞通道上，设立害虫监测前沿阵地，在北京延庆区农业有机示范园内，部署了昆虫雷达，昆虫雷达是一类经过特殊设计以观测昆虫为目标的雷达系统，它就像一只"天眼"，严密监控着深夜高空迁飞害虫的一举一动。通过解算，昆虫雷达可以获取迁飞害虫在天空中飞行的数量、高度、飞行的方向、飞行的速度，还可以揭示空中迁飞昆虫的起飞、成层、定向等行为特征及其与大气结构、运动之间的关系，利用特定的软件判断迁飞性害虫的迁飞路径，判断其降落地点、降落量，然后推断它在本地爆发的时间，一旦确定在本地降落，工作人员可以采取相关措施来预防它的爆发。

这些不动声色的暗夜守护者，护卫着安然熟睡的蔬菜仙子，仙子们一觉醒来容光焕发，全然不知夜晚发生的危险。

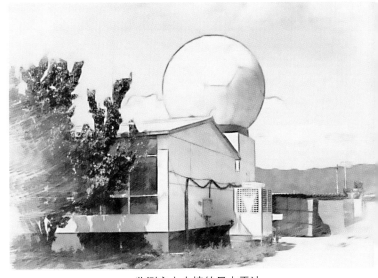

监测害虫虫情的昆虫雷达

第四章

百蔬藏百技

chapter 4

以"科技创造绿色，绿色陪伴心灵"为理念创建的百蔬园，一步一景浓缩现代农业科技精华。在百蔬园里，蔬菜已经不再是普普通通的果腹充饥之物，它们可以是美丽的"花"，可以是乘凉的"大树"，也可以是脱离了土壤的"奇特之菜"，甚至是飞檐走壁的"空中飞侠"，一串串番茄密密匝匝如同倒挂的冰糖葫芦，一排排甘蓝整齐划一堪比阅兵的军队……百蔬园里都蕴藏着哪些神奇的农业科技？让我们一起探秘吧。

"脱离土壤"的奇特蔬菜

在百蔬园的室内展区，人们不仅可以看到一排排养眼的蔬菜墙，还可以看到悬挂在空中的美丽盆栽蔬菜。不过，大多数人在欣赏这美景的同时，也都心存疑惑：从我们传统的观念来看，一般植物的生长肯定离不开土壤，也就是所谓的"要接地气"，为什么这里的满眼绿色却不见一点土壤？而且园区蔬菜一会儿"上天"，一会儿"入地"，一会儿挂在墙上，一会又悬浮在办公桌上……是什么赋予它们如此多的变化？

飞檐走壁的"空中小飞侠"

在室内展区内，不时会发现悬吊在空中的蔬菜，像飞檐走壁的"空中小飞侠"。它们没有使用花盆之类的装盛用具，而是被圆圆的绿色"土块"包裹了起来，看起来格外呆萌。这些盆栽蔬菜下面包裹着根系的绿色"土块"有一个可爱的名字——"飞一般的垒土"。

抬头有惊喜

什么是垒土？垒土其实是一种以植物纤维为主要原料的固化栽培用土，通过特殊的加工工艺，使其具有高通性，高保湿性，较强排水性，属于具备稳定物理结构的固体营养基质。

垒土采用特殊的加工方法，在不改变土壤原有特性的情况下，使其更适合植物栽培。在固化成型的同时还可以根据不同要求变成各种形状，可在立体绿化、花卉园艺、农业种植、土壤修复、污水处理等方面广泛利用。

　　本次世园会用的"飞一般的垒土"，是采用绿色环保理念制作的活性纤维物质，使用作物的秸秆固化后制作而成，添加了植物生长所需的多种营养元素。外面包裹的绿色则来自于无数的苔藓类植物。除了美观，它们能够帮助"土块"提高通气性、保湿性和排水性，更加适合蔬菜生长。在底座处使用了磁悬浮技术，一下子让垒土植物"飞"了起来，不仅趣味十足，还兼具科技感和美感。

底座处磁悬浮技术

穿搭新潮的"百变小魔女"

百蔬园的室内展区,蔬菜时而默然静立于白墙之上,娴雅如淑女;时而排列出错落有致的队形,傲然如模特;时而穿一件一水的嫩绿色的衣裳,像春姑娘拂过墙面,将整面墙染上春天的新绿;时而着一件绿色打底小衫,上绣淡黄色自然柔美的曲线,如波浪般,给人以韵动与节奏之美感……百变风格的穿搭,时尚新潮,在不经意间相遇时,总是让人不由自主地惊艳。

百变风格的穿搭组图

　　"蔬菜怎么能立在墙面上？没有土，蔬菜是怎样培养出来的呢？还想'穿'成啥样就'穿'成啥样？"其中的奥秘，是用上了无土栽培技术。无土栽培，是一种现代农业栽培模式，不用天然土壤而采用含有植物生长发育必需元素的其他材料培养植物，使植物在无土环境下正常完成整个生命周期。

　　依托无土栽培技术，可将蔬菜根系固定在基质模块上，再将基质模块栽植于墙面、管道、立柱等不同的载体，我们看到的管道式栽培、墙式栽培、立柱式栽培等，这些栽培方式既能美化环境，还具有一定的功能性。比如立柱式栽培，可放在空间转角处，不占用空间，养眼同时还能吸收空气中的有害气体；还有像百蔬园室内空间的各式蔬菜墙，不仅美观，还可作为隔断墙来使用，一排排生机盎然的蔬菜墙点缀于室内4个展区之间，无处不在的葱茏，自然而然地分隔开了内外空间，构建出一个贴近自然又超脱自然的和谐环境，令人无比舒适。

　　穿行其间，细细品味，让人心情不由自主地轻松愉悦。其实家庭也可用无土栽培法种蔬菜，可美化环境、调节室内空气温度、湿度，看书累了时，欣赏一下绿色蔬菜，岂不快意？

管道式栽培

墙式栽培

立柱式栽培

吃"营养品"的盆栽蔬菜

蘑菇渣、蚯蚓粪、粉煤灰及各种农作物的秸秆，在普通人眼中就是废弃物，一旦经过标准化处理，将其按照不同比例配制，就能转型成为世园会百蔬园中为蔬菜强身健体的"营养品"，确切地说，是变成盆栽蔬菜生长的特制"土壤"。这些吃"营养品"的盆栽蔬菜看上去长势不错。那么，这些"营养品"到底有没有营养啊？

盆栽蔬菜

　　不用担心，在来世园会之前，土肥专家对此做过实验。让我们按下时间倒进键，一起再回顾一下实验现场：在北京延庆绿富隆温室大棚盆栽蔬菜示范展示区，整齐地排列着7排苗床，表面上看似乎没有什么不同，其实暗藏玄机。据工作人员介绍，每排苗床上都种植着紫荆花营养菜、嫩绿奶油生菜、乌塌菜、紫油麦菜4种植物，但每排苗床进行试验的基质各不相同。其中，5排苗床上使用了5种废弃物基质，另外2排苗床则分别使用了进口草炭基质和一般市场上常用的草炭基质。通过观察蔬菜的生长变化及产量等指标来进行评定。虽然在相同环境下，进行同样的技术管理，但蔬菜长势却呈现出明显差距：其中最外侧长势最弱的蔬菜使用了市场上常用的草炭基质，另外几排使用了废弃物再生基质的蔬菜，与使用了进口基质的蔬菜长势基本相当，甚至更加茂盛。经过实验，蘑菇渣、蚯蚓粪、粉煤灰及各种农作物的秸秆等制成的废弃物基质"营养"丰富，吃这些营养物长大的蔬菜长势良好。

北京延庆绿富隆实验现场

延伸阅读

无土栽培的诞生与发展

无土栽培并不是一个新概念。早在1840年，德国化学家李比希就提出了植物矿质营养学说，证实了植物的原始养分只能是矿物质。该学说进一步启发了科学家的思维，科学家开始研究植物生长的各项环境指标及所需的具体养分，1860年前后，科学家成功地在营养液中种植了植物，由此，产生了以"植物矿质营养学说"为理论基础的营养液栽培技术，并逐步演变成在现代农业中占有重要地位的无土栽培技术。

20世纪40年代，无土栽培作为一种新的栽培方法，陆续用于农业生产，在第二次世界大战期间，英国空军在伊拉克沙漠、美国在太平洋的威克岛曾先后用无土栽培的方法生产蔬菜，满足战时的需要。后来，不同国家开始应用无土栽培的技术，并获得较大的发展。20世纪50年代末，美国最先利用无土栽培技术在温室内生产蔬菜，并研制出砂培、岩棉培、砾培等无土栽培生产模式；20世纪60年代后，随着无土栽培技术的蓬勃发展，荷兰成为无土栽培技术发展最先进的国家；不少国家也都先后建立起了无土栽培基地，有的还建起了温室，无土栽培技术得以长足发展。

我国的无土栽培技术发展较晚，1975年，山东农业大学开始采用蛭石等基质进行水果的无土栽培，不过接下来的十多年我国均以引进、消化吸收国外先进的无土栽培技术为主。20世纪90年代后，我国开始自主研发适合自身环境的无土栽培技术，自此，无土栽培技术在我国快速发展起来。

在我国，无土栽培主要分为三大类：水培、气雾式栽培和基质栽培。

水培

顾名思义，就是在水里栽种。与水稻、莲藕等水生作物不同，水培是完全没有土壤或淤泥的，作物养分全部来自营养液。最早的时候，人们采用的水培方式是将植物根系浸入营养液中，这种方式会导致作物缺氧，严重时会造成作物的根系腐烂。后来，人们采用营养液膜法的水培方式，用一层很薄的营养液不断循环，不停地流经作物的根系，既保证不断供给作物水分和养分，又能不断地将新鲜的氧气供给作物的根系。相应根系须根发达，主根明显比露地栽培退化。

气雾式栽培

是将混合了营养液的水进行高压雾化后直接喷到作物的根系上的一种新型栽培模式，作物的根系直接悬挂于栽培容器的空间内部，通过根部接触气雾来满足生长所需的条件。气雾式栽培优点是科技含量高，蔬菜既可直接食用又具有观赏价值。

基质栽培

将作物的根系固定在有机或无机的基质中种植，通过滴灌的方法，供给作物营养液。基质培是无土栽培中，最接近传统土培的一种方式。根据基质的性质，分为无机基质和有机基质两类。

无机基质主要起到固定根系的作用，同时，基质也有毛吸、储存、输送营养液的功能。但基质本身没有肥料养分，植物的养分全部来自营养液。常见的无机基质有陶粒、蛭石、珍珠岩、岩棉、沙子等。无机基质最明显的优点是干净卫生。

有机基质系指基质为有机物，比如木屑、椰糠、蘑菇渣、秸秆、草炭、蚯蚓粪等。有机基质不仅起到无机基质的作用，而且能供给植物养分，如果有机基质搭配合适，可以大大降低植物对营养液的依赖。有机基质的优点是栽种效果更好，作物不容易缺营养素，缺点是卫生指标低于无机基质。

无土栽培蔬菜VS普通蔬菜

如今，在一些现代化大型商超，已经能看到无土栽培蔬菜在售卖。它们新鲜、干净、鲜嫩，但价格比普通蔬菜要贵一些。那么无土栽培蔬菜与普通蔬菜相比有哪些不同呢？第一，无土栽培蔬菜更清洁卫生。根茎干净无土，没有土壤中携带的细菌。第二，无土栽培蔬菜营养更加均衡，可补充某种特定营养素。营养液可实现配方最优化，进而促进蔬菜生长发育的最优化。并且还可以有目的地培育"富钙""富锌""富硒"等蔬菜，为人们提供特定的营养素补充。第三，无土栽培蔬菜相对更安全。无土栽培一般在相对封闭的环境中进行，不容易感染病虫害，因此不需要农药，也避免了受污染的土壤中含有的有毒重金属，是一种安全可控的生产方式。第四，无土栽培的蔬菜风味、口感更好。通过对营养液配方的调控可实现对作物中的各类营养素的调控，以此改善蔬菜、果实的纤维素、糖分含量以及风味品质等。比如通过无土栽培可以让叶菜更脆嫩，番茄更甜。

小贴士

各种奇特的无土栽培模式

"纸上种菜"如今比较流行，用一张白纸、一个托盘、一个喷壶、一把种子就能在家种植绿叶菜，非常神奇。实际上，纸上种菜也是无土栽培中的一种，纸张就是幼苗生长的"床"。

"鱼菜共生"是一种水上种菜、水下养鱼的复合耕作体系，也属于水培种植的一种。它把水产养殖与水耕栽培这两种原本完全不同的农耕技术，通过巧妙的生态设计，达到科学的协同共生，鱼粪帮菜提供养分，菜通过吸收养分帮鱼除去水中的部分杂质，从而实现养鱼不换水而无水质忧患、种菜不施肥而正常成长的生态共生效应。

各种奇特的无土栽培模式组图
1、2．无土栽培　3.纸上种菜　4.鱼菜共生

镇馆之宝是怎样炼成的?

在百蔬园的室内展厅，穿过蔬菜剧场，会发现一个由"树冠"茂密的硕大植物搭起来的"纳凉棚"。这种盘在房顶的植物，长度有十几米，高有两三米，藤蔓在天花板上纵横交错，还结满了小红灯笼似的果实。这是什么呢? 原来这就是被称为百蔬园"镇馆之宝"的番茄树。它为什么被称为百蔬园镇馆之宝? 背后又有哪些故事?

两棵番茄 也能"亭亭如盖"

　　茂盛的番茄藤蔓沿着藤架延伸出去，大有占据整个展厅天花板的势头。北京市农业技术推广站专家介绍："别看面积这么大，这里实际上只有两棵番茄。""只有两棵番茄就能长成这样？"

　　"现代农业生产，种出高产优质的番茄，离不开好品种。这里种的两棵番茄，一棵是樱桃番茄福特斯品种，一棵是大果型粉太郎品种，都是属无限生长型优质番茄品种，它们最大、最为独特的性状优势就在于植株生长旺盛，理论上能够无限生长。"

　　不起眼的番茄苗，居然能"无限生长"？"把这种番茄树整个根部都泡在营养液中，这个品种真就会不断生长。整个番茄树景观区搭建了240米^{2}的引蔓架，两棵番茄"树"的冠幅能覆盖整个引蔓架，只要条件适宜，理论上能无限生长，番茄树冠伸展可以达到几百平方米，结出番茄数量可达数万个。无限生长意味着生长周期与采收期更长，产量更高，并且用番茄的树式栽培与无土栽培技术结合番茄的特殊整枝技术，就培育成这种树状。"

　　两棵巨大番茄"树"搭起的"纳凉棚"，总是能吸引很多游客，坐在舒适的椅子上，看着番茄藤蔓向远方延伸，满眼小红灯笼似的小番茄一串串地垂下，景象就似一首小诗的描述："番茄架下春光现，花香自引蝶来恋。待到满面羞红时，与花争艳俏流年。"

番茄架下春光现，与花争艳俏流年

备受呵护，小苗安然越冬

镇馆之宝的番茄"树"当然不是一天炼成的。"番茄苗是在延庆的育苗基地培育到40厘米，才移植到百蔬园温室的。"北京市农业技术推广站专家介绍说，"起初站里把番茄苗送到北京茂源广发农业发展有限公司的育苗基地，基地安排了从事育苗工作近20年的宋绍亮负责全程照看。当时是12月，天寒地冻，只有10厘米左右的番茄小苗苗，免疫力还比较弱，为了照看好番茄苗，宋绍亮干脆就住在了育苗基地，不仅白天'看得紧'，还经常凌晨两三点去检查温度和湿度。因为育苗讲究一个季节性，如果在该育苗的季节没有育成，那往后做什么都无法弥补了。春节期间，老宋回老家山东过了个除夕夜，因为实在放心不下番茄苗，大年初一就赶回育苗基地。经过老宋40多天的悉心照料，番茄苗从育苗基地安然进驻到百蔬园温室。"

"番茄苗进到温室时，百蔬园场馆还正在建设中，番茄苗对温度和湿度的要求很高，但当时控制温湿度的设备还没进场，室内温度尚在零下10℃。寒冷的夜里，番茄苗一旦受冻死了，损失将非常大。当时水和电还没接通，各方面条件都对番茄苗的生长很不利。当时，番茄苗养护组接手了现场养护工作。在温室里面，他们购买了两台增温设备，为番茄苗搭建了一个'小温室'，买来电缆，为'小温室'通了电；没有水，他们租了几台洒水车，往温室里面运水；为调控温度和湿度，小组成员定时定点去给番茄苗通风，不间断地为番茄苗创造适宜生长的条件。两棵小苗在大家伙的精心呵护中，度过了煎熬的寒冬，到2019年北京世园会开幕，桃太粉的冠幅长到了17米^{2}左右，福特斯长到了20米^2，真正长成了番茄树"。

长至40厘米的番茄苗

营养配餐，伴随成长岁月

这两棵番茄并没有生长在土壤中，它们整个根部都泡在营养液中，以水培模式进行栽培。当番茄苗在40厘米左右时被移植到百蔬园时，就分别被"种植"在两平方米大的栽培槽里，里面装着深度约10厘米的营养液。在栽培槽旁边有两个深蓝色的大桶及复杂的管道，营养液通过计算机控制系统在栽培槽、大桶及管道间循环，营养液的温度、营养值和酸碱度都是精准调控的，番茄就是吃这种精致的"营养配餐"，一天天长大的。

由于采用水培模式进行无土栽培，营养液就是番茄生长的主要营养来源。那么营养液中都有哪些营养呢？那就是蔬菜生长必需的17种元素，即碳、氢、氧、氮、磷、钾、钙、镁、硫、铁、锰、锌、硼、钼、铜、氯及镍。除了从空气和水中吸收的氢、碳、氧外，其他的营养素均从营养液中吸收。所以，营养液的配制非常有讲究，在营养液中，营养元素需要保持能被作物有效吸收利用的游离或螯合状态，并且要有着合适的配比，某种元素过量或不足均会影响作物的正常生长。经过很多次实验以及经验的积累，专家将营养液配方最优化，为番茄精心调制出营养全面均衡，又容易被吸收的营养大餐。

每天吃着这样精心调配的营养餐，番茄树的根系越来越发达，它们努力地汲取营养，番茄树的树冠也一天天变大。

科技赋能，长成傲人大树

随着番茄树的树冠一天天变大，光吃营养餐还不行，番茄喜光，对光照比较敏感，在光照不足时它容易发生营养不良等生理疾病，导致落花和落果。此时，设施里面的补光系统就发挥了作用，当番茄树需要增加光照时，可以及时进行补光。

不仅是补光系统，环境智能调控系统、温湿度环境监测仪、空气源冷热水机组、高压喷雾等各种先进现代农业设备，通过计算机智能管理系统调节着热量、湿度，使番茄树始终处于一个舒适的环境中，在这样的环境中，番茄就不容易生病。

光身体健康还不够，为了更适合观赏，番茄树的美貌及保持好的"身材"是必不可少的。为此，养护人员用上了现代化的留权留果技术、植株调整技术，对番茄树的植株进行修整打叉和造型，使番茄树既能发挥其无限生长的特性，又不会肆意生长、"没个正形儿"。

长大的番茄树进入了花期，满树的黄色花朵对害虫同样有吸引力。不用担心，技术人员早用综合防控技术为害虫布下了天罗地网。阻挡了害虫，还要开门欢迎益虫，技术人员将一箱箱熊蜂请到场馆。熊蜂可不是来杀害虫的，它们是来给番茄授粉的。这种蜂授粉是自然界中最自然的授粉方式，果实经过完全受精和发育，色泽好、种子多、果汁丰富浓郁，富含维生素和番茄红素。难怪红彤彤的小番茄，每一颗看起来都那么诱人。

就这样，番茄养护系统集施肥机、净水机、空气源冷热水机组、高压喷雾、发光二极管（LED）补光灯、温湿度环境监测仪等设备于一体，在水培育苗技术、营养液智能管理技术、环境智能调控技术、熊蜂授粉技术、留权留果技术、植株调整技术、病虫害综合防控技术的保驾护航下，在百蔬园里，番茄从40厘米左右的幼苗长成了遮天大树。这么看来，"镇馆之宝"果然名副其实，因为这两棵番茄树集纳的可是北京现代农业的全领域最新科技。

熊蜂给番茄授粉

蔬菜工厂见闻录

在百蔬园室内展馆，4 500米^{2}的"巨无霸"玻璃连栋温室，一个奇妙的番茄世界里，满藤的绿叶和倒挂的小红灯笼，却找不到"根"在何处；一个个柜子里的"蘑菇丛林"，带领我们走入一个趣味无穷又风景独特的菌类王国；科幻电影中的种植场景在这里几乎被原样复现：LED灯替代太阳，一层层养眼的嫩绿色蔬菜，不见任何泥土，却长得郁郁葱葱，让观众叹为观止。室内展馆，"植物工厂"的独特景观，吸引了太多游客流连忘返。说到"植物工厂"，是不是有点想不通，植物怎么能从"工厂"里生产出来？植物和工业革命时出现的"工厂"这个词，到底是怎么联系起来的？下面，就让我们一起去工厂看一看吧。

叶菜植物工厂：灯光有"配方"

在室内展馆西北角，是一个200米^{2}的人工光植物工厂。这里每间屋子都层层叠叠种植着不同品种的生菜，包括绿奶油生菜、绿橡叶生菜、紫奶油生菜、紫橡叶生菜以及紫罗莎生菜等。其中，北京本地新品种、全国首个紫色快菜品种——京研紫快菜，解决北京夏季生产难题的耐热生菜新品种——北生1号，也在这里进行了展示。植物工厂的生菜在完全没有阳光、土壤和自然雨水的环境下却能生长得如此旺盛，让人不得不感叹现代农业科技的力量。

人工光植物工厂

晒不到太阳，蔬菜该怎么生长？原来，工厂里看着颇具神秘感的种种光源，就是植物进行光合作用的能量源，在植物工厂里，蔬菜生长彻底脱离对阳光的依赖，全靠人工光源，如荧光灯、LED灯等。由于LED灯的发光效率高，体积小，发热少，能近距离照射植物，又不会灼伤叶片，使得栽培层间距缩短，提高了空间利用率，降低了能耗，减少了温室效应，被认为是密闭式植物工厂的理想光源。

　　不同蔬菜上方，LED 小灯珠的颜色排列组合其实都不太一样。原来，不同品种、不同的生长阶段的蔬菜对光有不同的需求，而满足蔬菜生长需求，使蔬菜产量最高、品质最佳的光谱组合到一起，就形成一个独特的"光配方"。为寻找最适宜植物生长发育的"光配方"，技术专家做了大量实验，针对光源的光强、光质、光周期，实验显示了蔬菜对光的吸收特点，被绿色蔬菜吸收最多的是红橙光和蓝紫光，对绿色光只有微量吸收。因此将红橙光和蓝紫光按照一定配比制成光源，就能满足蔬菜生长需求。

LED 小灯珠的颜色排列组合——光配方

　　红光一般表现出对植株的节间伸长抑制、促进分蘖，以及增加叶绿素、类胡萝卜素、可溶性糖等物质的积累。蓝光是红光用于作物栽培时必要的补充光质，是作物正常生长的必需光质，同时蓝光抑制茎伸长，促进叶绿素合成，有利于氮同化和蛋白质与抗氧化物质合成。此外，蓝光影响植物的向光性、光形态发生、气孔开放以及叶片的光合作用。针对不同的植物、不同的生长阶段，光强、光质和光周期也完全不同。

　　技术专家介绍，在植物工厂里，蔬菜也像人一样，"白天"工作，晚上睡觉，通过智能管理，每种蔬菜都按自己的"光配方"接受16小时的光照射，一到时间，灯自动关闭了，保证蔬菜晚上8小时的睡眠时间。科学规律的作息时间，保证了蔬菜营养物质的积累和生物量的形成，并且在密闭多层立体式栽培环境下，二氧化碳浓度大幅增加，蔬菜的光合效率大大提高。所以，植物工厂里的蔬菜，营养物质的积累和生物量的形成是常规栽培的5倍、10倍，甚至更高，定制的"光配方"意味着更快的生长速度、更高的产量和更优秀的品质。

光波照射

揭开蔬菜生长的隔板，发现植株的根系浸在循环流动的营养液中。"光有配方，这营养液中有什么秘密呢？""营养液的配制是非常有讲究的，为每一种蔬菜配置独特的营养液是植物工厂的核心技术。不同的作物、作物不同的生长时期对营养液的需求也不尽相同。给蔬菜配制营养大餐，是经过很多次实验以及经验的积累，才为蔬菜调制出营养全面均衡，又容易被吸收的最优化配方。""原来如此啊，难怪蔬菜长得这么好！"

"长得这么好看的蔬菜，营养价值、风味、口感怎么样？"专家指着眼前的生菜说："像这种奶油生菜，钾含量是非常高的，口感鲜嫩，我们通过调控营养液的配方，来实现对蔬菜各类营养素的调控，可给作物补充某种特定营养素，有目的地培育'富钙''富锌''富硒'等蔬菜，为人们提供特定的营养素补充，比如针对儿童生长过程中缺锌的情况，生产富含锌元素的小白菜、生菜，针对孕妇需要生产富含叶酸的蔬菜，针对特殊人群生产低钾蔬菜等。而且营养液的科学配置还可改善蔬菜的纤维素、糖分含量以及风味品质、口感等，比如让叶菜更脆嫩，番茄更甜。"

叶 菜

拿起一棵奶油生菜，发现根茎干干净净的，还挺长。"这根也能吃？""带根的是活体蔬菜，根在运输、销售过程中能起到保鲜作用，将蔬菜带根采摘下来放在冰箱里，可以延长保鲜时间，至少一星期内都能吃到最新鲜的蔬菜。而且，这种蔬菜吃起来非常安全，因为在植物工厂相对封闭的环境中，温度、湿度、光照、pH、水、肥料、二氧化碳浓度等全都一键可控，是一种质量安全可控的生产方式。"

"可控"是植物工厂的核心词，在"植物工厂"控制室的显示屏上，温度、湿度、光照等信息一览无余，分布在作物各生长单元的传感器收集上来的数据清晰明了。通过这些数据，蔬菜的所有"需求"被人类所知。如果把各种传感器比作人的神经末梢，那么计算机智能管理系统如同人的大脑，在这里称之为"智慧芯"。当蔬菜感觉冷了或热了，"智慧芯"就向室内热环境控制系统发出指令，调节室内与外界环境之间的热量变化；当蔬菜感觉空间湿度过大或太干燥，"智慧芯"就会启动通风换气降湿、加温降湿、热泵降湿系统。

"智慧芯"的高效运转保证了作物最佳生长条件，不但使蔬菜单株的产量比常规栽培更大；而且使蔬菜生育期大大缩短，栽培的茬数大大提高，譬如叶菜的生育期只需28天，而且层数可达十几层，极大地提高了土地利用效率，产量可以达到普通土壤栽培的几十倍。不仅如此，通过经验积累和大数据的分析，"智慧芯"还能制定出生产计划，什么时候育苗，什么时间收获，全在掌控之内。

植物工厂是典型的现代农业高科技成果，由计算机对植物生育过程的光照、温度、湿度等环境条件进行自动控制，它脱离了天（太阳），由人工光源代替；也脱离了地（土壤），营养液替代土壤、肥料和水，实现了可控环境下的周年连续生产，从而使人类在荒漠、戈壁、海岛、水面等非可耕地，甚至在城市的摩天大楼里就能进行正常农业生产，为解决人类发展面临的粮食安全、人口、资源、环境问题提供了解决方案；也为未来人类航天工程、探索月球和其他星球实现食物自给提供了解决方案。

番茄工厂化：小红灯笼高高挂

在百蔬科技区蔬菜墙的右手边，就是番茄百科园——番茄的工厂化种植区，这里也是百蔬科技区中最吸人眼球的三大蔬菜工厂化生产区之一。

占地256米²的番茄工厂，是一个奇妙的番茄世界。一串串红彤彤、绿莹莹、黄澄澄的小番茄如同一个个俏皮的小朋友，在满藤的绿叶中探出小小的脑袋，观察着外面来来往往的游客们。大部分红艳艳的番茄更像是一个个小灯笼，在光线的照射下，反射着微微红的"灯光"。

小红灯笼高高挂

　　番茄工厂化种植采用的都是无土栽培技术，通道两侧布满基质栽培架，上面悬挂的不锈钢"几"字形栽培槽主要起到支撑基质、收集营养液回液的作用；而悬挂在横梁上的钢丝及吊蔓钩，则可把番茄秧吊起来向上生长，站在地面往上看，一株株足有3米高的番茄藤蔓伸展着探向天空，累累的果实闪耀在枝头；循着藤蔓往下，每个植株被栽培在一个个方格内，每个方格都是一个基质栽培模块。

番茄工厂化种植

　　专家介绍："番茄用的基质是岩棉，岩棉是岩石经过1 600℃的高温拉丝而成，无菌无污染，看上去像花泥一样，具有很好的透气性和保水性，用于无土栽培的基质，就像一张白纸，不含任何营养成分，通过水肥一体化系统可以很好地控制植物所需要的营养，通过它可以有效控制蔬菜根系的生长、收获的时间和产量。"

　　"说到产量，这里的番茄每7天结1串，1串10个果，按照11个月计算，可以结40多串果，每平方米平均产量可以达到80斤*。我们通过这种工厂化模式种植的番茄实现了标准化，不仅产量可控，包括番茄糖度、沙瓤程度、果子大小、颜色一系列的标准都实现了可控，产量则相当于传统土地的好多倍。不仅产量高还环保，因为营养液是循环的，没有对外排放，不会污染土地。水肥利用效率很高，1米³水产出100多斤番茄，比传统生产方式高1倍多，用水量要省近八成。"

　　"在这里还有一套环境监测及智能化控制系统，通过加温管道、二氧化碳循环利用、双层幕布、高压喷雾、天窗、环流风机等实现温室内温度、湿度、二氧化碳和光照的智能调控，对番茄生长环境进行着全自动精准控制。"专家一边介绍一边指着地面上安装在每个栽培架之间白色管道说，"这个是园区轨道车运行的轨道，也是天冷时用来加温的管道，类似暖气一样五六十度的热水在管道里循环，通过计算机调控，让棚内温度保持在适宜作物生长的区间。"

　　"在我们头顶上的双层幕布系统，上层散射光型遮阳幕可使光线以散射的形式射到冠层深处，提高光合效率，使植株受光更加均匀更健康，另一方面可为劳动者提供凉爽的工作环境，为植株提供清凉的生长环境；下层高透光型保温幕最大程度提供植株生长的光照需求；在夜间幕布可吸收冷凝水，起到保护植株的作用。"

　　专家正介绍着，屋顶处突然开始喷出细密的水雾，这又是什么呢？原来已接近正午时分，棚内温度升高，高压喷雾系统自动启动，细小的雾滴可实现完美的降温、加湿，为番茄生长提供最适宜的环境。

　　环境调控系统会在监测的基础上调节和控制温室内气候参数，包括湿度和光照等，针对不同的气候目标参数控制不同设备，将作物的生长与气候环境、灌溉管理等条件有机结合，为作物生长创造最佳的理想环境条件。

种植番茄的智能温室配备环境调控、水肥一体化、立体栽培三大智能系统，番茄工厂化生产是典型的现代化高科技农业生产方式，也是世界上最先进的农业生产技术之一，实现了农业生产规模化、现代化和标准化。

---

*　斤为非法定计量单位，1斤＝500克。——编者注

蘑菇世界："冰柜"里"种"出鲜美食用菌

从番茄百科园转过来，就是食用菌工厂展区。蟹味菇、白玉菇、黑木耳、杏鲍菇、金针菇、北虫草……形态百变的食用菌长在一个个类似冰箱的柜子里。

逛逛食用菌工厂

这些柜子里的食用菌有的细白纤长的身子戴一顶深色的"帽子";有的胖嘟嘟的,打了一把"花伞";有的密密麻麻,像虫子一样探出"触角";有的成群结队,高矮交错又紧密团结;有的白白嫩嫩,全身毛茸茸像猴子的脑袋……简直就是一个趣味无穷又风景独特的菌类王国。

风景独特的菌类王国组图
1.黄伞 2、4.金针菇 3.猴头菇

蘑菇生长的秘密原来就在培养基里,可这培养基怎么看上去就像烂木头?简单来说,蘑菇需要的只是一些腐烂的木材而已,只要有锯木屑,再混上一些营养物质就可以了。用木屑给蘑菇生长提供碳源,用麦麸提供氮源。把木屑与麦麸按一定比例混合,用装订的机器把它们套在塑料袋里,封上口,再把菌种接种在培养基里,菌丝体就开始在这种外形像冰箱一样的特制恒温恒湿光照培养箱里生长,过一段时间就长出了蘑菇。

在日常饮食中，我们几乎天天都能吃到平菇、杏鲍菇、金针菇等食用菌，那么，你可知道它们是怎么生产出来的？印象中除了极少数的田野采摘，食用菌不就是在大棚中栽培出来的吗？事实上，虽然目前大部分食用菌还是在蔬菜种植大棚中栽培的，不过已经有越来越多的食用菌被搬到了工业厂房，开始了工厂化生产。

在百蔬园里，模型展示了食用菌工厂化生产全过程。食用菌工厂化生产，是指在按照菌类生长需要设计的封闭式厂房中，利用温控、湿控、风控、光控设备创造人工气候环境，利用机械设备实现自动化（半自动化）高效率生产，在单位空间内进行立体化、规模化、周年化栽培的生产模式。

那么"工厂菇"到底是怎么被种出来的？在食用菌工厂里，你可以看到密密麻麻的、一排又一排、一层又一层的蘑菇，甚至柜子里也长满蘑菇。它们长势旺盛，一茬接着一茬，一年四季都可以生长。根据栽培所需的原材料不同，可以将食用菌工厂分为两大类：木腐菌工厂和草腐菌工厂。木腐菌工厂主要生产金针菇、杏鲍菇等以木屑为主要原料的木腐菌；草腐菌工厂主要生产双孢蘑菇、草菇等以稻草为主要原料的草腐菌。

近年来，随着生产装备的快速发展，我国食用菌工厂化生产日趋智能化、规模化、机械化。尤其是占比较大的木腐菌工厂，其生产工艺从培养料预湿、配制、搅拌、装瓶（装袋）、灭菌（常压、高压）、接种（固体、液体）、菌种处理、搔菌到采收、产品分选、整形、挖瓶等已实现全程机械化。并且在食用菌生长期间，利用各种现代化的测控技术、视频技术、大型数据处理设备以及温湿光气的智能化控制可对产品实现全程监控，让生产出的蘑菇更容易追根溯源，同时也更安全、放心。

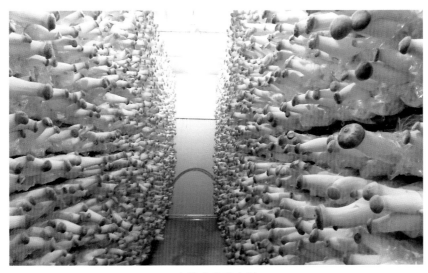

杏鲍菇出菇车间

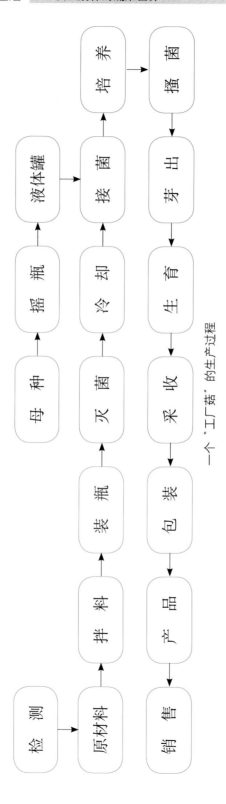

一个"工厂菇"的生产过程

延伸阅读

工厂里"种"出的美味

食用菌是人们餐桌上离不了的美味，那么，你知道它们是怎么来的吗？昔日那个"采蘑菇的小姑娘"已离我们远去，如今的蘑菇栽培已经脱离了传统农业，不再受自然条件的约束，变为工厂里流水化操作的一种"工业产品"，满足了现代人们对农产品高质量、高标准以及安全的需求。

我国是食用菌生产、消费第一大国，但20世纪90年代前我国食用菌产业主要是农民小作坊式生产，技术含量低，规模小、利润少。近年来，随着食用菌工厂化在我国的发展，我国食用菌的产量快速增长，种类也不断丰富。1978年，我国食用菌产量才5.8万吨，而到2017年，产量已达到3 712万吨，占全球总产量的70％以上，总产值达2 721.92亿元。食用菌产业已成为继粮食、油料、果树、蔬菜之后，我国的第五大农业种植产业。

高效的食用菌工厂化生产

自20世纪40年代开始，美国、日本、荷兰等一些发达国家便开始进行食用菌工厂化栽培，其品种主要有双孢蘑菇、金针菇、平菇等。20世纪90年代，食用菌工厂化生产开始在我国福建、广州等地出现，之后迅速从东南沿海向内陆地区延伸，进入快速发展时期。相关数据显示，2006年，我国食用菌工厂化产量仅为8万吨，而到2016年，生产总量已突破257万吨，相比2006年增长32倍以上。到2017年，我国食用菌工厂化生产总量已占到全球总产量的42％。不过，欧美国家以生产双孢蘑菇为主，我国则主要生产金针菇和杏鲍菇。

在生产效率方面，食用菌工厂化生产的最佳品种比传统模式高约80倍，年产量可达10万千克/亩。在我国种植业中，食用菌的单位面积的产量位居第一，远远超过其他农作物。

"工厂化生产"的优势及发展

现阶段，我国虽然工厂化生产的食用菌产量总数还远不及传统栽培的产量，但随着从事农业生产的人口越来越少以及食用菌产品供应需求的增加，食用菌工厂化生产将会逐渐代替手工作坊，成为食用菌生产的主要方式。与传统生产方式相比，食用菌工厂化生产有着无可比拟的优势：第一，食用菌工厂化生产可实现机械化、标准化操作，与手工作坊相比，生产效率大大提高，也能避免人为干扰，确保产品质量一致、稳定。第二，不受自然条件影响，可利用电力煤炭等资源控制光照、温度、湿度等作物生长条件，实现食用菌的常年生产。拿双孢蘑菇来说，传统多层双孢菇栽培，每年在自然气候下仅能出一茬菇，每平方米产量约80千克。而工厂化生产每年可出6茬菇，每平方米可出菇1 080千克，高出普通栽培方式的10多倍。第三，工厂化的食用菌产品在采摘后还要经过加工、保鲜、封装等处理环节，与普通菇相比，可以使上架期大幅延长，既能保护企业利益，也可保障市场持续供应。

"网红" 列队与 "换装" 之谜

在 162 天的世园会会期内，百蔬园里的蔬菜都是根据展出计划，分批次进行展示的，在不同的季节，呈现出不一样的风景。春天里，26 万盆蔬菜入园迎客，营造出一个蔬菜的休闲海洋，其中 5 万余盆 27 个品种羽衣甘蓝一经亮相，便迅速在网络上走红。随着夏天的到来，像羽衣甘蓝一样耐寒不耐热的品种悉数退场，百蔬园似乎是在一夜之间轻松换上了 "夏装"。你知道羽衣甘蓝为何迅速成为网红菜的吗？百蔬园能够快速 "换装" 背后的秘密又是什么呢？

甘蓝列队，大有乾坤

　　蓝天白云下，春季的百蔬园里，放眼望去，最夺人眼目的当属羽衣甘蓝。赤橙黄绿青蓝紫，叶片从紫色到白色均有分布，叶色鲜艳，并且各种颜色相互交织。有的翠绿包裹着嫩绿，有的纯白如盛放的白牡丹，有的纯白外衣镶一圈淡绿的花边，有的由深紫的花心向外逐渐变色，万般变化尽显妖娆。最有视觉冲击力的是羽衣甘蓝整齐划一的队列，每株个体的间距几乎完全一致，其整齐程度超乎想象，堪比等待检阅的军队。实际上，甘蓝能够整齐列队的背后，同样需要高科技指点乾坤，为此甚至用上了北斗卫星定位技术。

　　小小农机威力巨大。在百蔬园西北角，甘蓝地的中央，矗立着一个深蓝色的农业机械（简称农机），它就是用于甘蓝机械化生产的农机。别看这台农机个头不大，威力可不小，甘蓝种植用上它，生产率达每小时4亩，是人工移栽作业效率的6倍，大幅减轻了劳动强度。甘蓝秧苗在机械移栽的过程当中，采用的是四行链夹式移栽机进行移栽作业，其主要工作部件有链夹式栽植器、开沟器、覆土轮、传动仿形轮、传动装置和机架，移栽过程中特别注重株距、移栽秧苗直立度以及喂苗送苗的稳定性及机械的可靠性等问题。在育苗、耕整地、撒施肥、移栽、灌溉、中耕、追肥、植保、收获、田园清洁和废弃物处理11个机械化作业环节中，环节之间相互衔接，标准统一，从移栽制定株行距，到拖拉机轮距、轮宽都是统一的。

用于甘蓝机械化生产的农机

　　信息技术保驾护航。在百蔬园甘蓝全程机械化生产当中，利用了激光平地技术和拖拉机自动驾驶技术，以信息化手段提高机械化作业精准度。

　　激光平地技术主要用于甘蓝种植前对土地的处理。该技术是目前世界上较先进的土地精细平整技术之一。它利用激光束平面取代常规机械作业中人眼目视的控制基准，通过控制液压系统操纵平地铲运机具工作，完成土地平整作业。激光平整后的土地纵横坡度近似于零，大幅提高了水肥分布均匀度，提高灌溉质量，促进水肥高效利用，降低水资源消耗。同时高水平的平整土地，也有利于蔬菜机械化移栽、收获作业以及田间管理。

　　而自动驾驶技术主要在栽种过程中发挥作用。自动驾驶系统由北斗接收天线、显示器、控制器、液压阀、角度传感器和北斗基站组成。拖拉机自动驾驶技术可以昼夜作业，避免了因夜间光线不足而无法作业的问题，并且能长时间地精确作业而不受时间的限制，大大提高了作业质量和效率。当然，蔬菜之间的行距、间距也是按事先设定好的，难怪甘蓝的队伍那么整齐。

常新常美，幕后英雄

百蔬园内，盆栽蔬菜是展示的亮点之一。数百个蔬菜品种，数万盆盆栽蔬菜，涉及蔬菜种类多、茬次多、批量大、数量大，且标准化和一致性程度要求高。百蔬园内出现一次又一次的"一夜换装"。在数万盆蔬菜频繁"换装"的背后，其实都有"幕后英雄"在辛苦奉献。

盆栽蔬菜全程机械化生产。晚上9时，世园会园区闭园，游客纷纷离开。整个园区渐渐沉寂下来，百蔬园内却格外热闹。一支神秘的队伍在百蔬园内开始忙碌起来，他们把春季耐寒的蔬菜替换掉，将需要换新的地块栽种上番茄、茄子、辣椒等"耐晒"的茄果类蔬菜。第二天，红、橙、黄、绿、白、紫六大色彩体系的各式蔬菜登台亮相，为游客展示了夏季蔬菜园艺景观之美。

一夜之间，更换数万盆植株蔬菜。传统的以人工作业为主的生产方式很难在短时间内保证如此大批量、高标准的盆栽蔬菜供应。一条高效的盆栽蔬菜全程机械化生产流水线应运而生。

夏季蔬菜园艺景观组图

　　集约化育苗是流水线的第一步。针对大规模、大批量盆栽蔬菜育苗播种，北京市农业部门引进了自动化精量播种机，底土、压穴、播种、覆土、浇水等操作实现了全自动化；针对小规模、小批量盆栽展品蔬菜的播种，引进了手持式穴盘播种器，用于甘蓝类、番茄类蔬菜的穴盘播种作业。育苗灌溉用上了苗床喷灌车，实现了水肥一体化高效喷灌作业，既节约了人工成本又提高水肥利用效率。

　　在基质生产上，引进了专用基质搅拌机，平均每 10 分钟可均匀混拌泥炭土（草炭土）、肥料、蛭石 1 000 米^3。此外，农机鉴定推广站组织专家团队，创新研发了盆栽蔬菜移栽设备，并与上盆机出盆传送带相配套。通过人工投苗，并使用红外感应栽植技术，整个移栽过程实现半自动机械化，每分钟可栽 35 植株，大大缩短了移栽时间，降低了劳动强度。

　　废弃物资源化利用。一夜之间，各式全新的蔬菜品种为游客重新奉上一场蔬菜园艺的盛宴，游客们大饱眼福的时候，一点也没看出来蔬菜换茬的痕迹。那么，被替换下来的盆栽蔬菜去哪了？原来，它们由专用运输车运送至北菜园废弃物资源化利用基地。在这里，蔬菜植株残体和基质分别被资源化处理。有的蔬菜植株残体粉碎后与动物粪便混合进行发酵，制成有机肥还田再利用；有的粉碎后直接还田与土壤混合后发酵再利用。基质则经过严格的消毒杀菌，在确保不会带有病虫害的情况下，重新回收再利用。

　　百蔬园盆栽蔬菜中体现的生态理念，也是北京蔬菜产业"绿色、优质、高效"发展的缩影。在绿色发展和保障生态安全方面，北京蔬菜产业已经实现亩均节肥 5 千克、亩均节水 104 米^3 的成绩。

　　据百蔬园建设运营办公室主任王艺中介绍，"每生产 1 米^3 基质可消纳 1.5 米^3 农业废弃物，我们就地取材并通过标准化的生产，实现基质化栽培技术，体现在办会上就是'绿色办会、循环办会'的理念。2019 年世园会之后，展示蔬菜将面临下架期，如何处理是关键。废弃物基质可循环利用两到三次，利用时间可长达 5 年，对保护农业环境、减少农业面源污染将起到很好的作用，'百蔬园'不仅要向世人展示绿色植物、绿色技术和绿色理念，更重要的是要展示出北京蔬菜产业水平。"

蔬香浸万家

　　百蔬园是现代农业科技的缩影，也是美丽田园乡村的写照，那田园美景不知搅乱了多少人的心湖，又勾起了多少人的乡愁，也许你在百蔬园里已经找到了梦想中的田园生活模板。在现实与梦想之间，唯有行动，才是打通它们之间的通道。那么，你还在等什么？从现在开始，种下一粒种子，用心去浇灌它，总有一天会枝繁叶茂。行动起来吧，为生活增添一抹绿意，这是我们给自己、给生活最好的礼物。

阳台变身小菜园

　　每个人心中都装着一个绿色的田园梦，尤其是沉浸在钢筋水泥世界里的都市人。利用闲暇时间，在自家阳台上，想吃什么种什么，通过动手劳动，收获可口的新鲜蔬菜，同时还能让家中的孩子认识大自然，这是多么的美好。许多人渴望这样的生活，却又担心会承受种不好的挫败感；想足不出户，就能感受到田园风光，却不愿意劳神费力；还有人说自己就是一个植物杀手，从来就种不好。其实，只要掌握以下几个根本法则，一切就变得轻松简单，而且乐趣无穷。小小的窗台和阳台，只要有心，都是我们的舞台，行动起来，绿色田园梦即刻实现。

菜园上演混搭风，植物成长更健康

　　阳台种菜成功的关键在于混搭。大自然生物之间，彼此总是维持着微妙的平衡。想想看，正是多种多样的动植物共同构成了大自然，它们相互依存，和谐共生。

　　种菜也一样，将不同类的蔬菜混种在一起，将不同生命周期的蔬菜、香草种植在同一个栽培箱中，有利于实现生物的多样性，可以让它们更接近自然的平衡。植物种类的增多，也使土壤中根系的微生物实现了多样化，更有利于抵御病害、干燥或严寒等逆境。

混搭种植

　　另外，一种植物散发出的特殊气味，有时会有利于其他植物生长，植物管理起来会更加轻松，病虫害也会减少发生。比如番茄和罗勒，如果只种罗勒一种蔬菜，它很容易被菜青虫吃得千疮百孔，但是若将罗勒和番茄种在一起，番茄的叶片释放出的令害虫讨厌的气味就会驱赶走罗勒身边的害虫。不仅如此，番茄和罗勒根部以下的配合也是非常默契的，番茄整个生育期需要消耗较多钾肥来结出果实，而罗勒则需要更多的氮来促进叶片生长。它们非常默契地各取所需，保持着土壤养分的平衡，其他病害也因此神奇地减少了。

　　像番茄和罗勒一样，将十字花科的蔬菜和菊科蔬菜种在一起，气味独特的菊科蔬菜可以帮助爱招虫的十字花科蔬菜"驱虫"。

番茄和罗勒

配制好营养土，种菜轻松又省劲

土壤是蔬菜安身立命的依托，也是植株生长必需的肥与水的仓库。阳台种菜首先需找到好土壤。好土壤有两大显著特征：一是土壤有机质含量高，为了使植株生长健壮，土壤中有机质含量需要达到一定水平，土壤中有机质的缺乏是不能用化肥弥补和替代的。二是拥有丰富多样的生物群，这一点很重要，土壤中大量的微生物、真菌、蚯蚓等微小生物，是土壤的生命力所在。化肥和农药的不当使用会杀死这些小生命，没有了它们，土壤就会失去活力。

那么，如何获得好的土壤呢？其实，只要把生活中厨余垃圾利用一下，这个问题就解决了。生活中厨余垃圾源源不断产生，我们可准备一个足够大的容器，先铺一层土壤，再把果皮、菜叶等厨余垃圾铺满一层，盖上一层薄土，再铺一层厨余垃圾、枯叶等，再盖上一层薄土，如此反复，直至把容器堆满。最后，在最上层盖上一层厚土，如此，按照三明治堆肥法，把所有厨余垃圾都埋上。为了防止有异味飘出，可以用塑料膜密封起来，密封还有助于厨余垃圾发酵腐烂，两周左右打开查看一下，如果有白色的发酵菌丝，说明发酵的比较好，等到菌丝都没了，基本上就发酵好了。就这样将每天的厨房垃圾适当处理，家庭自制有机肥就制成了。在使用的时候可以将自制有机肥和土壤搅拌均匀，这样不仅可以增加土壤有机质，还可以改善土壤透气性。

除了通过家里的厨房堆肥获得成熟堆肥（好土壤来源之一）之外，要想使土壤更加富有生命力，我们还可以利用蚯蚓。自古以来，就有"好土里肯定有蚯蚓"说法。达尔文通过长达45年观察，盛赞蚯蚓是世界上最有价值的动物。蚯蚓挖掘土壤，使土壤变松，并使空气和水容易抵达植物的根部。近年来，有些国家实行的"免耕法"，便是通过大量增加土壤中蚯蚓种群数量的方式来代替机械耕作，既节省了人力物力，又改良了土壤。蚯蚓对植物生长的贡献是巨大的，蚯蚓头朝下吃食，挖掘的洞穴与通道有助于土壤迅速排水，每天吞吃相当于自身重量的有机物质，其中约有一半作为粪便排积在地面。蚯蚓粪被称为"黄金土"。据国家农业农村部肥料质量监督检验测试中心等单位对蚯蚓粪的检测，蚯蚓粪含1.4%的氮、1%的磷、1%的钾，46%的腐殖酸，还含有23种氨基酸，丰富的蚯蚓蛋白酶，每克蚯蚓粪有$10^5 \times 8$个有益微生物（老化土壤只有$10^5 \sim 10^6$个），并具颗粒均匀、透气保水、无味卫生、肥效持久的特性。有实验证明：含水率85%的蚯蚓粪在酷暑中晒15天，20厘米深处的含水率仍达45%，蚯蚓粪大大增强了土壤的抗旱能力。蚯蚓粪是一种理想的天然生物肥，其富含的蚯蚓酶还可以杀死土壤中的病毒、有害菌，降解对植物生长有抑制作用的物质。除此之外，蚯蚓还能降解、疏散土壤中有机农药、重金属、放射性物质等污染物。

蚯蚓的好处实在太多了，赶紧来看看在家里如何养殖和利用蚯蚓吧！首先，找一个广口木盆，在盆中央放置一个不封底的环形器皿，花盆、垃圾桶之类的都可以，四周弄点通气孔；外出游玩时，找一些腐殖土，如果再能找到一些木材的锯末，那就更好了。这种混合后的土壤，能够长时间的保持松软潮湿的状态，可以说是养殖蚯蚓的良好温床。把土倒入内、外容器中，之后用喷壶均匀地喷上水，使土壤湿润，湿润程度以能攥成团但不能攥出水为宜。温度最好控制在15～20℃，最高不高于30℃，低不能低于10℃。在阳台找个遮光、通风、避雨的一角放置容器，把蚯蚓放入其中。蚯蚓就会在内盆进食、外盆排泄，内盆定期放入适量果皮、菜叶，外盆里可种上蔬菜，蚯蚓粪便会堆积在外盆的表层，可以用勺子舀出来添加到种植其他蔬菜的容器中作肥料，一勺蚯蚓粪就含有数以亿计的有益菌，只需少量就有效果。

晒足太阳浇足水，日常管理变简单

蔬菜的日常管理最重要的有两点：晒足太阳，浇足水。阳光和水是蔬菜生长必不可少的条件。在光照条件下，植株的叶片将水和二氧化碳合成有机物，这一过程就是光合作用。

蔬菜和人一样，离不开水。蔬菜的光合作用、根系吸收矿物养分、有机营养物质的转运和积累等生理生化过程都需要水分参与。水分不足，不但严重抑制蔬菜生长，同时也影响产品的质量，致使产品纤维较多、质地粗糙、果实畸形等。所以，当看到土壤发白时就要适当的浇水，浇水时遵循"不干不浇、浇则浇透"的原则浇透水，不能只浇半截。春、秋季是大多数蔬菜适宜的生长期，但并不是需水量最大的时期，夏季温度较高，蔬菜水分的需求量较高，因此应观察土壤情况，准确判断浇水时机。一般浇水的时间是在早晨。清晨，伴着第一缕阳光，蔬菜就开始进行光合作用了，所以，早上浇水要尽早，太阳刚升起来最好。晚上太阳落山后根据实际情况补浇一次水。最好不要中午浇水，因为此时光合作用较强，浇水会影响气孔导度，降低光合作用效率。

　　蔬菜的种类不同，对水分的要求也不同，甘蓝、花椰菜、芥菜、大白菜、小白菜、黄瓜、菠菜等，其根系较弱，分布较浅、叶面又大，需水量也多，需经常浇水。豇豆、菜豆、胡萝卜、茄子等根系深度适中，需轻浇、勤浇。番茄、南瓜、等深根性蔬菜较耐干旱，一般在土壤缺水时浇水。不同时期蔬菜对水分的需求也是不一样的，一般在蔬菜种子萌发时要有充足的水分。幼苗期根系小，吸水量不多，但对土壤湿度要求严格，要控制浇水。开花时水分不宜过多，一般在果实生长时要大量浇水，营养贮藏器官收获前要严格控制浇水。

　　光合作用少不了光照，阳台采光对蔬菜很重要，但是又不必过分纠结于阳台采光的问题，可以根据阳台朝向，选择适合自家种植的蔬菜。东阳台，大都为半日照阳台，可以选择一些喜光耐阴的蔬菜，比如小油菜、萝卜、韭菜、空心菜、木耳菜等。西阳台和东阳台一样为半日照阳台，但是它存在一个西晒的问题，夏季西晒时温度较高，因此夏季最好拉一个遮阳网，在阳台角隅栽植蔓性耐高温的蔬菜，或者在蔬菜上方种植爬藤的植物。南阳台，大多为全日照阳台，可以选择的菜品是最多的。我们平时家里常吃的西红柿、黄瓜、辣椒、青菜、韭菜、生菜等，都是很适合种植的。冬季朝南阳台大部分地方都能受到阳光直射，再搭起简易保温设备，也可以给冬季生产蔬菜创造一个良好的环境。北阳台，算是4个阳台类型里最缺光的，蔬菜的选择范围小，但我们可以种点在弱光区也能生长的蔬菜，比如生姜、香菜、丝瓜、豆芽菜、空心菜、莴笋、木耳菜等。

需水量较大的一些蔬菜

选对蔬菜喜欢的季节，轻松享受收获的喜悦

　　万物于天地之间，秉承天地正气而生，采天地日月精华而长。对于蔬菜也一样，每种蔬菜都有适合它的栽种时间，种得早了，可能出不了芽，种得迟了，又没有足够的时间生长成熟。在蔬菜"喜欢"的季节栽种，不但可以轻松享受收获的喜悦，而且蔬菜产品营养丰富，口味也好。当你吃上这种菜时，内心的喜悦与成就感不言而喻。说不定，一次收获的感觉就会让你从此爱上种菜。

　　最简单的办法，就是头一年秋季准备好第二年要种植的蔬菜种子。种子的外包装袋上一般都注有适宜的种植时间、生长期和种植要点，这样就可以提前计划好一年的栽种时间。

　　大致来说，西红柿、茄子、青椒、甘薯、花生、菜豆、西瓜、南瓜、黄瓜、葫芦、苦瓜、丝瓜、甜瓜、苋菜、空心菜、鲜食玉米、芋头、芝麻、向日葵、空心菜等喜温耐热型蔬菜，要在春季解霜，天气转暖，气温稳定后栽种。生长

相对慢的蔬菜，要提早一些栽种，有的可能要在解霜前先在温室里育苗，以保证能有足够长的时间生长。至于生长相对较快的叶类蔬菜，如空心菜、苋菜等，可在无霜期内连续播种和收获。

大白菜、白萝卜、芥菜、甘蓝、卷心菜、花椰菜、芜菁、土豆、莴苣、胡萝卜、芹菜、甜菜、菠菜、香菜等喜寒型蔬菜，可在秋季种植。

初学者最适在阳台栽种哪些蔬菜呢？为确保第一次种植成功又硕果累累，我们首先要选择一些好种易活、生长迅速的植物。种子较大的植物如豌豆、南瓜等比较好种植且生长迅速。生菜、油麦菜等速生菜全年皆可种植，且生长较快速，5～6周即可采收。萝卜虽然种子不大，但种植简单，家庭中栽培时可以反复播种。而苦瓜、葱、姜、等适应性强，昆虫不喜接近，方便打理。

万一蔬菜感染了病虫害，要及时采用生物防治、物理防治方法，比如用水冲，螨、蚜虫被冲落后就不会再回去了；撒草木灰可以保护蔬菜免受地老虎之害；还可以把橘皮、辣椒、大蒜、薄荷放到搅拌机里搅拌，兑上等量的水，做成溶液进行喷洒，这是一个比较绿色健康消灭害虫的方式。

还等什么，赶紧来尝试一下在家种菜，有滋有味的迷你田园生活吧！

种菜可以更轻松

　　玄关、客厅、厨房、卧室，五颜六色的蔬菜，想种哪里就种哪里，不再受天气、季节、光照等因素的影响。随着农业科技的进步，家庭蔬菜种植装置的研发成功与推广应用，使得家庭蔬菜种植变得越来越轻松、省力、高效，而且随心所欲。色彩斑斓、多姿可人的蔬菜，可以种在阳台、窗台、居室，满目绿意，秀色可餐，如一道靓丽的风景，让人们的生活变得有滋有味。人们在柴米油盐的日常生活中，可以一边享用新鲜的蔬菜，一边体验淡泊宁静、诗和远方的意境。

基质栽培——家庭种菜更省心

基质栽培使蔬菜脱离土壤生存，正如我们在世园会百蔬科技区看到的，蔬菜时而跳上墙壁、时而跃上书桌、时而"飞"上天花板，如今，随着技术的发展与成熟，这些在展区里看到的"奇异"景象，已进到寻常百姓家。

"基质"，其实就是一种特制的"土壤"，但严格上说它又不等同于泥土。因为泥土比较重，存在容易结块，可能带有大量细菌和超标的重金属等问题。种植基质就是泥土的替代品，基质种类很多，常用的无机基质有蛭石、珍珠岩、岩棉、沙、聚氨酯等；有机基质有泥炭（又名草炭）、稻壳炭、椰糠、树皮、作物秸秆等。由于城市土壤资源的稀缺、搬运沉重以及楼房承载限制，现如今越来越多的人选择使用基质来进行蔬菜的栽培。

家庭基质栽培的蔬菜

一般来说，单一基质通常存在一些缺陷及不足，因此复合基质应用更加广泛。现在市场上有专业公司配置好的，以优质泥炭及椰子纤维为主要原材料，配入珍珠岩、蛭石等天然矿物质的混合基质，不含病菌、虫卵和草籽，里面还加入了一定比例的生物菌有机肥，可满足作物生长30～40天的营养需求。使用这种基质种菜，后续根据作物生长需求每月追肥一次即可。混合基质的透水性、透气性以及肥力都较一般土壤好，用于种植多年生的蔬菜还可以省却每年或几年一次的换土工作。家庭种菜用上这种质轻又能反复使用的基质，省去很多工序，搬运不费劲，种菜简单方便，省工省心。

为方便市民在家庭阳台种植蔬菜，北京市农业技术推广站从2006年开始，就在阳台蔬菜种植方面开展了多项技术研究，2009年研制出首批适合家庭阳台无土栽培种菜装置并进行推广。其中，立柱式（左上角橘黄色款）是一种采用草炭、蛭石等基质栽培的专用装置，占地面积仅需0.2米^2，整体高度1.6 ～ 2.0米，直径38厘米。由8 ～ 12层6瓣栽培器组成，配合专用连接杆，可根据室内空间来组合高度，每层可种植6株叶类蔬菜，每套可种植48~72株各种颜色的叶类蔬菜；底部配装万向轮，可任意移动，保证每个方向的作物都能得到阳光的照射，促使作物健康的生长。装置具有自动浇灌、高低水位报警功能，且配备触摸式按键。每天耗电量仅为150瓦/时。一经问世便受到市民喜爱。2019年，开发了新型的阳台蔬菜种植系列装置，同时通过实验完善阳台蔬菜栽培管理的配套技术。随着品式多样、操作简单的专用装置的研究及推广，市民家庭种菜将更加便捷。

北京市农业技术推广站研制出的首批适合家庭阳台无土栽培种菜装置

盆栽蔬菜——家庭园艺更时尚

　　在世园会上，百蔬园的盆栽蔬菜以其株态优美、外形奇特、色泽绚丽等特质吸引了人们驻足观看。在居室、阳台、露台或窗台摆放，为狭小的空间增添了无限生机与灵动，不仅装饰美化空间，还能够吸收二氧化碳，释放氧气，起到净化空气的作用。多种盆栽蔬菜的不同组合搭配，既表现出了个体的自然美感，又与环境相协调展现出整体的宏大景观，给大家留下了深刻的印象。

　　随着人居生活水平的提高，人们对生活质量的追求也越来越高，一个是精神文化层面对生活艺术的追求，一个是物质生活方面对新鲜安全的追求，而盆栽蔬菜恰恰从这两个方面都能满足人们的需求。因为是盆栽，所以种植起来十分方便，阳台、客厅、书房、厨房都可以种植，可以想象一下啊，早上起床到阳台上伸伸懒腰，那红艳艳的鸡爪椒，一簇簇向你热情地招着手；那圣女果如同玛瑙一般，在阳光下露出红润的笑脸；一朵朵饱满盛放的黄花上，刚刚结出了黄瓜宝宝，细细的绒毛在阳光下几近透明；碧绿的小青椒，正羞涩地低下头慢慢变红，脸颊上已染上一抹红云；当你心情愉悦地路过客厅时，那鲜嫩欲滴的生菜正盎然地挺起胸膛，忍不住采下几片叶子，到厨房准备早餐时，把它们放在煎好的饼上，再随手挽下一抹小葱，岂不惬意。

　　想不想即刻拥有这般诗意的生活？有人立刻就在心里犯嘀咕了，好是好，可真要养起来会不会太麻烦，自己在家育苗配土都很不方便，还不懂技术，是不是很难种植成功？其实，盆栽蔬菜前端的这些工序在种植基地都已经完成了，依托先进的无土栽培技术，不使用农药、化肥、激素的种植技术，基质和营养土也都是配好了的，一般买回来放在家里能照到阳光的地方，剩下的基本上只要浇水就行了，种植起来很是方便，容易种植成功。

　　近年来，农业科技发展日新月异，赋予盆栽蔬菜广阔的发展空间。拿北京市来说，围绕北京都市型现代农业发展定位与市民需求，实现农业的生产、生态、生活功能，北京市农业技术推广站开展了观赏蔬菜新品种引进及工艺化栽培，在盆栽蔬菜种植方面开展了多项技术研究及推广，筛选出适宜家庭种植的速生蔬菜、长期收获、观果类蔬菜、根茎类蔬菜、芽苗菜等蔬菜6大类48个品种。为延长盆栽蔬菜生长期，延长市民采收时间，增加蔬菜采收量，推广站研发了一次播种、多次采收的综合技术，还研制出22套盆栽蔬菜几架，方便市民更好地将较小的空间利用起来种植蔬菜；为了增加盆栽观赏蔬菜的园艺之美，根据市民家庭阳台的类型，还设计了悬挂式、立柱式、盒子式、承墙式等阳台蔬菜种植形式。科技不仅使盆栽蔬菜的品种日益丰富，生长期和产果期长，更加适合城市居民种植。在北京市农业农村局宣传教育中心历次组织的"又见田园"系列宣传活动中，设置的自己动手做盆栽环节，非常受市民欢迎，大家亲自动手体验农业、感受农业，个个笑逐颜开。

自己动手做盆栽

自己动手，笑逐颜开

　　盆栽蔬菜发端于国外，20世纪30年代，欧美、日本等地区就结合观光农业开发了观赏蔬菜，选育了大量适合盆栽的蔬菜品种。盆栽蔬菜在中国的台湾、香港以及新加坡、日本等国家和地区已经非常普遍。蔬菜自吃自种对于一个家庭来说不算什么，但如果全社会都如此，那将是极大的产出，产量不可估算，小小的盆栽蔬菜功不可没！

　　中国的盆栽蔬菜正在向着蔬菜园艺的方向发展着，前景十分美好。随着我国城镇居民生活水平的不断提高，人们对自然、生态产品的需求日益增加，越来越多的人努力在自己居住的环境内营造一个绿色生态空间，希望在家庭栽培与养护观赏蔬菜的同时，品尝到自己种植的绿色、无污染、高营养蔬菜。集观赏、绿化、食用于一体的盆栽蔬菜将逐步走进市民的生活，家庭园艺也会越来越时尚，让市民的生活空间更富美感与生态价值。盆栽蔬菜将助力我们实现"绿色生活 美丽家园"的梦想。

神器助力——家庭种菜更简单

不用培土施肥，不需要动手浇水，在阳台上支起梯形管道，只要把幼苗"栽种"到孔穴中，每月加兑一次新营养液，就可采收5～6个月的新鲜蔬菜，而且同时可种植红、黄、绿、紫等多种颜色的蔬菜。那支起的梯形管道是什么神器？让种菜变得如此简单了？

这是北京市农业技术推广站通过3年研究，推出的家庭阳台菜园装置，由栽培管道、营养液箱、输液管和支架几部分组成。该装置采用无土栽培的种植方法，配备一套营养液自动循环系统，只要把幼苗栽种到孔穴中，调节适宜的温度、光照，及时补充营养液就可以了。该装置可以种植的叶类蔬菜有长季节采收和短季节采收两类，其中白凤菜、羽衣甘蓝等适合长季节种植，一次栽植可采收5～6个月，而生菜、油菜等适合短季节栽植，栽植后25～30天即可采收。可种植的蔬菜颜色有红、黄、绿、紫等多种，市民可以在一种装置上栽种几种颜色的蔬菜。

"同时种这么多菜，这梯形管道得多大啊，家里空间狭小，放不下怎么办？"在阳台上种菜，如何克服空间的狭小是首先要面对的问题。设计人员介绍，"梯架式装置立在地面，占地0.6米^2，能栽植40棵叶类蔬菜；这是目前我们已经研制出的4种装置中占地面积最大的一款了。另外，像主要用于种植番茄、黄瓜等瓜果类蔬菜的花盆式装置，占地仅0.2米^2。还有一款壁挂式装置，能挂在墙壁上，不占地面空间。每种装置都可以根据用户的需求进行定制。目前，推广站已在城区数十万户家庭中推广了阳台种菜技术，非常受欢迎。"

下面，把几款种菜"神器"列出来供大家参考。

梯架式：梯架式种植装置高150厘米、宽115厘米、厚50厘米，每套设备占地面积约0.5米^2。采用先进的水培技术和专用有机营养液，提供作物生长所需的营养物质，保证作物的长势良好。配有微电脑程序控制水肥系统，高低水位调节，定时自动循环。铁艺喷塑支架与储液箱一体化的设计，美观、大方、坚固、实用；底部配装万向轮，可任意移

梯架式种植装置

动。每套装置可以栽植35～45株蔬菜，可以满足一家三口一年中1/5的需菜量。耗电量为100瓦/时。

壁挂式装置

壁挂式：壁挂式装置挂在墙壁上，不占地面空间，采用先进的水培技术和专用有机营养液，提供作物生长所需的营养物质，保证作物的长势良好，配有微电脑程序控制系统，高低水位调节，定时自动循环。铁艺喷塑支架与储液箱一体化的设计，能栽植32棵叶类蔬菜。

台灯式（型号为PH-E01）装置：配LED照明灯和植物生长专业补光灯，具备台灯照明功能的同时还可保证蔬菜在室内生长得到充足的光照。专业的雾化喷头，智能化自动控制系统，多种栽培模式可选择，每套装置可种植5～7株叶类蔬菜。具有高低水位报警功能。装置的高度可调节，保证蔬菜足够的生长空间。使用无土栽培专用有机营养液，能保证植株健康生长。耗电量为200瓦/时。

南瓜式无土种植装置：装置整体高度150厘米，占地面积约0.2米^2。独特的南瓜造型，美观实用，特别适合种植番茄、黄瓜等瓜果类和架豆、四棱豆等藤蔓类蔬菜。每套装置可种植1～2株，采用先进的雾培技术和无土栽培专用有机营养液，提供作物生长所需的营养物质。先进的智能控制系统，触摸式按键，可实现高低水位报警，安全可靠；有多种种植模式可供选择，操作简便。耗电量为100瓦/时。

台灯式装置

南瓜式无土种植装置

蔬香生活不是梦

在家里种几种蔬菜，随种随吃，既怡情养性又安全放心，还不用花太多心思打理。无论数九寒天还是烈日炎炎，不用出门买菜，打开自家一台冰箱大小的"家庭植物工厂"，喜欢啥菜吃啥菜；无论身在何处，通过手机软件随时打理自家小菜园，一键可控，"种得省心、吃得放心、玩得开心"。在单位里，办公大楼的大堂化身一片绿油油的田园，会议厅、宾客区、自助餐厅……天花板上缠着番茄和黄瓜的藤蔓，办公区域之间是"花色"不同的蔬菜窗帘、蔬菜墙，各种蔬菜环绕其中，空气中弥漫着蔬菜的清香，置身其中仿佛置身于自然田园。周末带孩子在家门口的社区蔬菜公园里亲子采摘、绘画写生。这梦幻般的场景是真实的吗？是的。随着科技的进步，蔬菜工厂的发展，可食地景的深入实践，未来可期，蔬香生活不是梦！

植物工厂的诞生与发展

千百年来，人们想要获得吃食，要看老天脸色，面朝黄土背朝天，在与天斗、与地斗中讨生活。在辛苦劳作中，人们梦想着有朝一日能够在不受气候影响的条件下进行耕作，在轻松愉快的环境中按照自己的意愿生产与收获。这些梦想随着植物工厂的诞生变成了现实，颠覆性技术让昔日万物生长靠太阳的农业已经发生翻天覆地的变化，使人类实现了几千年来理想化的农耕梦。

无土栽培技术的长足发展，为植物工厂的诞生提供了重要技术支撑。1949年，美国植物生理和园艺学家F.W.Went教授在加利福尼亚州帕萨迪纳建立了第一座人工气候室，将植物生长需要的"阳光""土壤""雨露"用人工调控提供给植物，引发了"人工模拟生态环境"领域的革命性突破。基于以上技术的颠覆性突破，1957年，世界上第一座真正意义上的植物工厂，在丹麦哥本哈根市郊的约克里斯顿农场诞生，工厂面积1 000米^2，从播种到收获采用全自动传送带流水作业，年产水芹100万千克。植物工厂由此登上历史舞台。

俯瞰植物工厂

植物工厂的发展始于欧美一些发达国家，1963年，奥地利建造了高30米的塔式人工光植物工厂，采用上下传送带旋转式的立体栽培方式种植生菜，成为垂直植物工厂的发端。1973年，英国提出了营养液膜法（NFT）水耕栽培模式，成为植物工厂的一项标准技术。1974年，日本也开始人工光植物工厂的研究。随后，荷兰、美国、奥地利等国家及世界上一些著名企业如荷兰的飞利浦、美国的通用电气、日本的日立等纷纷投入巨资与科研机构联手进行植物工厂的关键技术开发，为植物工厂发展奠定了坚实基础。

20世纪80年代，植物工厂进入快速发展期，很多不同形式的植物工厂被人们按照光源划分为太阳光利用型、人工光利用型（被视为狭义的植物工厂）、太阳光和人工光并用型等类型。20世纪90年代，中国开始了植物工厂的实验探索。目前，植物工厂主要分布在东亚和欧美国家，以日本、荷兰、中国最具代表性。日本，在人工光植物工厂方面，研发与产业化较快，居领先水平。目前有100余座人工光植物工厂在运营。荷兰，在太阳光植物工厂方面实力最强，90%以上的温室为芬洛（Venlo）型玻璃温室结构，最高产量高达90千克/米^2。中国是目前全球植物工厂研发与产业化最活跃的国家，在两类植物工厂研发方面均有建树，处于均衡发展中，目前已有人工光植物工厂百余座。

植物工厂——在人工光源下生长的蔬菜

蔬菜梦工厂，正走进你我的生活

　　2019世园会百蔬园展示了3类工厂化生产方式：在"巨无霸"玻璃连栋温室里，花花绿绿的LED灯替代太阳，一层层养眼的嫩绿色蔬菜，不见任何泥土，却长得郁郁葱葱（完全人工光型）；长在柜子里的"蘑菇森林"（日光型和人工光结合型）；还有一个奇妙的番茄世界（日光型），这些兼具观赏价值和采摘食用价值的现代农业独特景观令人耳目一新。事实上，不仅仅是展示，北京从2012年就开始蔬菜工厂化生产技术试验示范，目前连栋温室工厂化生产面积在北京郊区已经推广了2 000多亩。

　　走进位于北京海淀区水木九天科技有限公司的"蔬菜工厂"，一个10 800米^{2}玻璃房子里，是一片番茄的海洋，温暖的阳光下，一株株五六米高的番茄藤蔓伸展着探向天空，累累红彤彤的果实闪耀在枝头；循着藤蔓往下，每个植株被栽培在一个个岩棉（岩石拉成的丝）方格内，每个方格都配有一套营养液输送管道；厂区还有令人眼花缭乱的各种传感器和自动化控制设备。水木九天公司负责人王晓庆介绍："这些传感器用来实时收集作物生长的环境情况，通过大数据分析未来的环境走向，通过人工智能计算模型，采用最低能耗将各项环境调整到最适合作物生长的数值，不仅实现了产量及品质的提升，还降低了环境控制成本。"

连栋温室工厂化生产试验示范

番茄工厂化种植

　　"这里的番茄每7天结1串，1串5个果，每个果重200克，按照11个月计算，可以结44串果，重22千克，每平方米平均可以种4棵（正常大田里一般设置为1.2棵），产量可以达到88千克。通过从餐桌到种子的逆向推演，不断分解链条中的各个核心数据，以新技术、新模式以及综合农业数据，尤其是通过建设特定品种生长模型，使得软件自动化调控环境因素及种子筛选、种植模式以及人员体系和系统体系的建设，不仅产量可控，包括番茄糖度、沙瓤程度、果子大小、颜色等系列的标准都实现了可控。通过这种工厂化模式种植的番茄、黄瓜、叶菜等产品经过抽样检测，533项农药残留、铅镉汞砷重金属、亚硝酸盐等指标全部达到欧盟标准。销售价格不到有机产品的一半，产量则相当于传统土地的10倍。"王晓庆介绍。

工厂化种植硕果累累

　　当被问及蔬菜工厂到底该选择什么形式？王晓庆说："我认为跟目标有关。目标不同，选型不同。人工光型植物工厂，电能消耗大、生产运行成本居高不下，一直是其无法普及的根本问题，现有的大多为实验型或观光展示型。我们的定位是产业化，能够把这个东西种出来，并且能够把成本控制住，让消费者消费得起。从销售端倒推到生产端，用市场化思维指导农业生产，只有生产出的农产品符合当地民生的真实需求，农业产业化才能实现自身的产业闭环，完成自我造血，进而真正地让农业产业落地，服务于民。"

位于京郊的另一家大型植物工厂——京鹏植物工厂，正在为植物工厂能源成本控制上进行积极的实践与探索，加紧新能源引入与试验，15千瓦的太阳能独立光伏发电系统，可将清洁无污染的太阳能转为电能供植物工厂使用，即使连续3天雨雪天气或电力供应不正常，仍能维持植物工厂核心部分闭锁型育苗室和人工光植物生产车间的正常运作。

针对家庭的各种家用小型植物工厂陆续被研发出来，各种适合家庭的种植柜以及与之匹配的"工厂化家庭种植模式"纷纷与消费者见面，实现叶菜的产业化生产，并将活体蔬菜直接配送到家庭的种植柜当中，消费者可以现吃现摘，随时吃到安全、健康的新鲜蔬菜。而在一些餐厅里，种植柜里的菜成为招揽顾客的"特色菜"，顾客可当场选定用哪一棵做成菜肴。

此类涉猎植物工厂产业领域的企业，全国已有200多家，这些企业不仅瞄准当地市场，还将植物工厂版图不断扩张，在全国各地纷纷建起植物工厂（图5-16），推出了整体或部分组件产品；有的企业还瞄准国际市场，将植物工厂产品及技术推广到新加坡、美国、日本、欧洲等地。

在国家层面，对颠覆传统农业生产的革命性战略产业——植物工厂，政府给予了持续支撑。比如，2013年国家"十二五"863计划项目"智能化植物工厂生产技术研究"，项目总经费达4 611万元，涉及植物工厂LED节能光源、立体无土栽培、光温耦合节能环境控制、营养液调控、基于网络的智能管理以及人工光植物工厂、自然光植物工厂集成示范等多个领域的研究。2016年成立农业照明专业委员会，为以LED植物工厂照明为主导的植物工厂推进的全国性组织平台；植物工厂还被写入《"十三五"全国农业农村信息发展规划》等，一系列的举措奠定了植物工厂及其相关技术研发的可持续性。

在众多利好条件的推动下，在发展迫切需求的促进下，在跨界组合与创新中，植物工厂研发与产业化发展必将给人们的生活带来更多变化，植物工厂将培育出更多适合工厂化生产的蔬菜品种，百姓新鲜安全菜篮子品种将得到极大丰富；随着技术的进步、能耗的降低，蔬菜价格必将更加实惠。

你有没有想过每天工作的办公大楼整栋楼外立面、楼顶、电梯间、办公桌……随处种满蔬菜是什么样的？在大型商场、会议中心、学校、车站、医院、家庭，植物工厂将"无所不在"，随时与你同在，当你读到这段文字时，脑海里会浮现出怎样的画面？百蔬园的这些场景对你有启发吗？

蔬菜是新鲜美味的四季，是美化环境的使者，是净化空气的氧吧，是居家生活的乐趣……这一切即将到来，你准备好了吗？

蔬菜装点生活

可食地景，让城市变得"美味"起来

"可食地景"，20世纪80年代，园林设计师、环保主义者罗伯特·库克
（Robert Kourik）发明了这个有趣的术语，内涵是园林设计与农业生产的融
合，用果树、蔬菜、草药，特别是可食的开花植物，让城市变得更加美丽和
"美味"。

城市里的可食地景

　　"可食地景"是一种很"前卫"的理论吗？当然不是，它恰恰是一种"复古"，是一种对数千年传统与古老自然生活习惯的致敬与回归。

　　从古埃及、古巴比伦到古中国，最原始的"地景"，常常是"可食用"的，至少是可"使用"的。人们在房前屋后乃至城市街道里种植的植物，总愿意有意识地去选择农作物，甚至对树木的选择都偏向"可食用"。不用追溯很远，就拿20世纪来说，中国北方很多城市居民都更偏爱院子或路边的榆树、枣树、海棠、柿子树，因为"榆钱"、红枣、柿子、海棠果都是可以吃的。至于在北方四合院里种点蔬菜，就更司空见惯了。中国早期园林的起源也和菜园、果园分不开。人们在房屋周围，或者村落中聚集地附近，栽果种树进行绿化并改造环境，这便是园林艺术的雏形。

　　城市的现代地面景观，是在欧洲文艺复兴时期才正式登场的。那时起人们开始有意识地将农作物和装饰性植物分开种植。于是，在城市中，各种可食的植物大量消失，取而代之的是整齐划一的行道树，鲜亮的草坪和纯粹的观赏花卉。

　　于是，蔬菜只能在城市的商超里才能看见，城市里长大的孩子们，不但不识"五谷"，对蔬菜的本来面目也模糊不清，城市与乡村彻底割裂开来，草坪成了城市"标配"，久而久之，也让城市变得单调起来，甚至影响了生物的多样性，那些大面积的整齐的草坪，常常只有一些喜鹊、鸽子在那里来回地踱步。

　　蔬菜不美吗？当然不是，精心设计的菜园完全可以令人惊艳。通过设计，把菜地和城市绿化有机结合，让城市不仅富有美感，而且更具生态价值。钢筋水泥的丛林中的那一抹绿意也将为繁忙的都市人带来一丝平静，缓解工作压力的同时，获得一些灵感与创意。

蔬菜造景让城市变得更"美味"、更有韵味

　　"没想到，我们小时候在农田里种过的菜能变成这么漂亮的景观！""要是我们社区花园里也种上一片这样的景观多好，又能看，又能吃。"在百蔬园展区，经常能听到这样的感慨，这些不仅仅是感叹，更给予我们很多启示。在合适的场景下，完全可以考虑用蔬菜替代传统的园林花卉植物，在某些场合成为造景的主角，将园艺之美与菜园的实用有机结合起来，既满足城市绿化景观的需要，又能让都市人享受晴耕雨读的惬意，还能让城市变得更"美味"、更有韵味。

　　茄子、韭菜、番茄、生菜、黄瓜等常见的蔬菜瓜果，再来点迷迭香、熏衣草、薄荷等香草，一个"可食地景"完全可以"又好吃又好看"。比起司空见惯的绿化草坪来说，花费差不多，又有了食用价值，而且环保价值也是显而易见的。绿化草坪不仅耗费大量水资源，还要用到除草剂等农药去维系它单一的生态系统。如果这里是一个"蔬菜花园"，一定很热闹，蜂飞蝶舞，绝不会只有喜鹊出没。

蔬菜花园好吃又好看

　　或许还可以讨论下"农作物园艺化种植"的社交价值与教育价值。很简单，通过在社区街道推广"可食地景"，每个普通居民都有可能从城市建设的旁观者变成参与者，有机会与自然更近距离地接触，建立起人与自然的新关系。

　　农作物园艺化种植的选择千变万化，却又特别"接地气"，那些作物，人们既亲切又陌生，亲切的是"耳熟能详、司空见惯"，陌生的是"知其然不知其所以然"。因此，可食地景具备很强的参与性和可操作性，简单易学的种植技术让每个人都可轻松参与其中，继而为人们带来种植的乐趣和收获的喜悦，在这一过程中，原本可能没有交集的社区居民，具备了一个"强社交"的场景，而根据蔬菜品种的选择，又能强化社区的特色，避免了小区的千人一面。

　　"教育场景"也自然衍生出来。每一处"可食地景"，其实都是天然的"蔬菜大讲堂"，针对不同的节日主题，可以轻易开展蔬菜知识科普活动，讲解传统文化，举办亲子采摘、绘画写生等活动。孩子与家长可以时常来认认菜，观察蔬菜的成长过程，用摄影器材和画笔记录下蔬菜之美。这无疑是一个富有传统农耕文化又充满情趣的美好景象。

　　在各种农业科技的加持下，其实我们更可以畅想蔬菜园艺、蔬菜街景的生态价值。可食地景当然不能取代传统的城市园艺，也不能真变成所谓的城市"菜篮子"，但农耕元素的介入，绝对有助于让城市变得更多元、更生机勃勃，也更加环保。尤其是"垃圾分类"措施在国内多个大城市的强力推行，让农作物园艺化种植更具备了可行性，社区的可食地景一方面能够改善城市社区的环境问题，还完美利用厨余垃圾堆肥种出天然蔬菜，降低了"食物里程"，也降低了家庭食物开支和家庭能耗。

　　如今，"空中菜园""可食学堂""可食社区""屋顶菜园"如雨后春笋般出现在国内一些大都市的钢筋水泥丛林中，那里绿色恣意生长、蜂飞蝶舞、鸟鸣菜香，更有市民放松的欢愉笑容。它们更新了人与自然的连接，也在努力缝合城市的生态网络，构成人与自然的和谐空间。

　　究竟什么是"美"？什么是"生活"？蔬菜是大自然赐予人类的礼物，蔬菜在告诉人们"美"与"生活"的答案。

图书在版编目（CIP）数据

百蔬园·蔬香生活 / 苏秋芳主编. —北京：中国
农业出版社，2020.6
ISBN 978-7-109-27229-3

Ⅰ．①百… Ⅱ．①苏… Ⅲ．①蔬菜园艺-图集 Ⅳ.
①S63-64

中国版本图书馆CIP数据核字(2020)第157679号

中国农业出版社出版
地址：北京市朝阳区麦子店街18号楼
邮编：100125
责任编辑：李 夷　　文字编辑：黄璟冰
版式设计：王 怡　　责任校对：吴丽婷　　责任印制：王 宏
印刷：中农印务有限公司
版次：2020年6月第1版
印次：2020年6月北京第1次印刷
发行：新华书店北京发行所
开本：700mm×1000mm　1/16
印张：12.25
字数：200千字
定价：58.00元
